本书受教育部人文社科项目（19YJC880109）资助

经济管理学术文库·经济类

中国对外直接投资的母国碳排放效应研究

The Effects of Outward Foreign Direct Investment on Domestic
Carbon Emissions in China

孙金彦／著

U0226130

经济管理出版社
ECONOMY & MANAGEMENT PUBLISHING HOUSE

图书在版编目（CIP）数据

中国对外直接投资的母国碳排放效应研究/孙金彦著.—北京：经济管理出版社，2020.8

ISBN 978-7-5096-7294-5

Ⅰ.①中… Ⅱ.①孙… Ⅲ.①对外投资—直接投资—二氧化碳—排污交易—研究—中国 Ⅳ.①X511

中国版本图书馆 CIP 数据核字（2020）第 133832 号

组稿编辑：李玉敏
责任编辑：张巧梅
责任印制：赵亚荣
责任校对：陈　颖

出版发行：经济管理出版社
　　　　　（北京市海淀区北蜂窝 8 号中雅大厦 A 座 11 层　100038）
网　　　址：www. E-mp. com. cn
电　　　话：（010）51915602
印　　　刷：三河市延风印装有限公司
经　　　销：新华书店
开　　　本：720mm×1000mm/16
印　　　张：9.5
字　　　数：130 千字
版　　　次：2020 年 8 月第 1 版　　2020 年 8 月第 1 次印刷
书　　　号：ISBN 978-7-5096-7294-5
定　　　价：78.00 元

前　言

　　国际资本流动与环境污染的互动关系一直以来都是国内外学者共同关注的热点议题之一。对外直接投资作为资本和技术在国际间流动的重要载体，既能促使母国将已经处于或即将处于比较劣势的"边际产业"对外转移进而作为减少母国碳排放的有效手段，同时也能通过其逆向技术溢出效应使母国获取国外先进技术进而形成母国"碳减排"的主要动力。2015 年底，中国对外直接投资存量和流量分别实现了 10978.6 亿美元和 1456.7 亿美元的历史最高值。与此同时，中国国内能源消耗尤其是二氧化碳的排放量不断增加。因此，我们有必要分析和探索中国对外直接投资是否引致了母国二氧化碳排放量的变化？如果存在这种影响，又是通过何种机制进行传导的？目前，国内外有关对外直接投资的研究主要集中在对外直接投资的经济增长效应、逆向技术溢出效应和产业结构效应等方面，而有关对外直接投资影响母国碳排放的理论模型、作用机制及对外间接投资（Out Ward Foreign Direct Investment，OFDI）逆向技术溢出的碳排放效应等问题，尚未进行深入系统的研究。

　　鉴于此，本书基于两个层面来研究中国对外直接投资的母国碳排放效应：一方面，通过梳理总结国内外相关研究文献，立足于国际投资、经济增长和环境污染等相关理论，构建了对外直接投资影响母国碳排放的理论模型和作用机制；另一方面，在分析了中国对外直接投资和碳排放发展现状的基础上，以中国 30 个省际面板数据为研究对象，运用面板联立方程模型、基于 DEA –

Malmqusit 指数的固定效应模型以及空间面板杜宾模型等多种实证方法，从不同视角定量分析了中国对外直接投资的母国碳排放效应。

首先，为深入考察对外直接投资母国碳排放效应的多渠道影响机制，本书在借鉴 Copeland 和 Taylor（1994）理论模型的基础上，构建了 1×2×2 模型（一个国家、两种产品、两种生产要素）中的产品市场达到均衡时，对外直接投资通过规模效应、结构效应和逆向技术溢出效应等不同渠道对母国碳排放产生影响的理论机制，然后以 2005～2013 年中国 30 个省际面板数据为研究对象，通过将三阶段最小二乘法（Three Stage Least Square，3SLS）系统估计法引入对外直接投资的多渠道联立方程模型中，更加全面、稳健地考察了中国对外直接投资影响母国碳排放的多渠道效应。研究结果表明：无论是在全国层面还是在分区域层面，中国对外直接投资的经济增长效应、产业结构效应和逆向技术溢出效应均为正值，且逆向技术溢出效应的作用效果要大于经济增长和产业结构两种效应。我国对外直接投资量每上升 1 个百分点，我国国内的碳排放量将会提高 0.2543 个百分点。该研究结果表明，"污染避难所假说" 在中国并不适用，也就是说，中国对外直接投资的增加不仅没有减少，反而增加了母国国内的碳排放。

其次，本书尝试研究由于东道国资源禀赋和经济发展水平迥异所引起的不同投资动机下，中国 OFDI 逆向技术溢出的母国碳排放效应及其区域差异。本书选用 2005～2013 年中国 30 个省际和 18 个国别面板数据，主要研究了技术寻求型、市场寻求型和资源寻求型三种投资动机下中国 OFDI 逆向技术溢出对全国及各地区碳排放绩效的影响及区域差异。研究结果显示，从全国样本来看，中国 OFDI 逆向技术溢出对碳排放绩效的影响系数为正且通过了显著性检验，说明中国 OFDI 逆向技术溢出在一定程度上能有效地提高国内碳排放绩效。从区域样本来看，东、中部地区 OFDI 逆向技术溢出对碳排放绩效产生了显著的提升效应，西部地区 OFDI 逆向技术溢出对其碳排放并没有产生显著影响。分区域实证分析结果表明，中国 OFDI 逆向技术溢出对国内碳排放绩效的影响存在较大的区域差异。从不同投资动机看，技术寻求型和市场寻求型动机下的 OFDI 逆向技术溢出对碳排放绩效的影响较为显著，且表现出提高国内碳排放绩效的变化趋势；资源寻求型动机下的 OFDI 逆向技术溢出则表现为降低国内碳排放绩效的效应。东、中部地区的技术寻求型和市场寻求型动机下的 OFDI 逆向技术溢出对碳排放绩效的提升作用高于西部地区；中部地区资源寻求型动机下的 OFDI 逆向技术溢出对碳排放绩效的"恶化"效应却超过了东部地区和西部地区。

再次，本书基于中国对外直接投资与碳生产率在地理空间上集聚分布的客观事实，通过构建空间面板杜宾模型，从空间溢出角度分析了中国对外直接投资对国内碳生产率的影响。研究结果显示，中国对外直接投资对区域内的碳生产率存在明显的负向效应，中国对外直接投资没有起到提升本地区碳生产率的作用，说明随着中国对外直接投资的不断增加，中国并没有将国内的高耗能产业转移至东道国。此外，在控制了主要变量后，邻近地区的对外直接投资对本地区碳生产率的空间溢出效应是存在的。分区域层面看，中国中、西部地区的对外直接投资不仅降低了本地区的碳生产率，而且还通过空间溢出效应降低了邻近地区的碳生产率，且其对外直接投资对碳生产率的空间溢出效应要比东部地区显著。从时间维度看，中国对外直接投资对母国碳生产率的直接影响和空间溢出效应并非贯穿整个样本区间，2008 年金融危机后中国对外直接投资对母国碳生产率的影响程度相对较高。

最后，本书结合中国对外直接投资母国碳排放效应的实证研究结论，主要提出了实施对外直接投资差异化的区域发展战略、合理选择和布局对外直接投资产业、重点关注对外直接投资的区位选择、积极支持和鼓励技术寻求外商直接投资、为低碳技术寻求型对外直接投资提供财税支持五个方面的政策建议。鉴于客观数据的可获得性、指标变量选取的合理性以及主观学术研究能力和认识水平的限制，提出了本书尚存在的一些不足之处及有待进一步完善的空间。

目　录

1 绪 论

1.1 研究背景

　　由于二氧化碳排放量增加所引起的全球气候变暖问题已经严重影响到了人类生存和发展的地球生态系统，进而使碳排放问题成为当今世界各国所共同面临的严峻挑战之一。2007 年，政府间气候变化专门委员会（IPCC）发布的有关全球气候状况的第四次评估结果认为，由于人类活动带来的温室气体排放增加是导致全球平均气温升高的最可能原因，其可能性高达 90% 以上。为此，国内外学者开始从人口、技术发展、经济增长等多个宏观因素视角考察了不同经济因素对碳排放的影响。然而，随着全球对外贸易、国际资本流动等国际经济活动的快速发展，学者们开始关注和研究开放条件下国际资本流动对碳排放的影响。尤其是 20 世纪 90 年代以来，在利润最大化这一经济目标的驱动下，国际资本开始在全世界范围内频繁流动以期寻找到最佳的资源配置地。国际资本在全球范围内的迅猛发展使世界各国间的经济联系密切程度达到了空前的高度。然而，与世界各国国际资本流动快速增长相伴随的除了各国快速的经济增长外，还有部分国家的生态环境开始急剧恶化，全球碳排放增加所导致的"温室效应"变得日益严重。环境恶化、碳排放增加所导致的全球气候变化会直接影响到人类赖以生存的物质基础。因此，碳排放问题受到了世界各国政府、社会及学者们的广泛关注与高度重视，进而让我们开始反思全球经济活动对人类赖以生存的生态环境的影响。显然，各国经济发展过程中排放的二氧化碳过量已成为当下世界各国迫切需要解决的问题。国际资本流动与全球环境的关系如同贸易与环境之间的关系一样，当国际资本流动给母国带来经济利益的同时，很有可能会威胁到母国的环境质量。

对于中国来说，改革开放以来，我国经济增长和对外直接投资均取得了巨大成就。尤其是加入 WTO 以后，为了适应更加复杂和更为激烈的国际竞争环境，我国提出了实施"走出去"的对外经济发展战略。2015 年末，中国对外直接投资存量达到 10978.6 亿美元，与 2014 年相比增加了 2152.2 亿美元。2015 年，中国对外直接投资流量达到 1456.7 亿美元的历史最高值，与 2014 年相比增长了 18.3%。2015 年中国对外直接投资流量位居全球第二，仅次于美国，并超过同期中国的实际利用外资额。2002 ~ 2015 年中国对外直接投资的年均增幅高达 35.9%。然而，随着全球环境问题的日益突出，尤其是随着中国经济持续快速增长、对外直接投资水平的不断提升，中国国内能源消耗尤其是二氧化碳碳排放量不断增加。2011 年国际能源署的研究报告显示，2007 年中国的二氧化碳排放量超过了美国，成为世界上最大的二氧化碳排放国。2011 年，全球二氧化碳排放量达 340 亿吨，而中国的碳排放总量全球占比却高达 29%。

一方面，不断提高我国对外直接投资水平是我国深入参与世界分工，参与国际竞争的需要，同时也是我国经济社会发展的必然要求；另一方面，由于对外直接投资所引发的生产要素和资源在国际间更广泛领域的流动与配置，则会导致一系列的环境污染与二氧化碳排放问题。因此，对于中国而言，快速增加的对外直接投资终究会对我国国内碳排放产生什么影响？如何将对外直接投资与低碳经济发展进行有机融合，进而促进中国经济向低碳型增长方式转型？本书通过借鉴已有研究成果，在分析了中国对外直接投资和碳排放发展现状的基础上，较为系统地研究了中国对外直接投资的母国碳排放效应问题，并试图从理论和实践方面为该领域研究提供一定的理论基础和政策支撑。

理论方面，本书基于 Grossman 和 Krueger 的"三效应"理论模型，深入分析了对外直接投资影响母国碳排放的传导机制，以便更能清晰直观地揭示两者之间的作用机理。在对对外直接投资与母国碳排放之间关系进行理论推导的基础上，本书首先从对外直接投资的经济增长效应、产业结构效应和逆向技术溢出效应三种渠道，深入分析了对外直接投资影响母国碳排放的传导机制，为实现中国经济更好更快地向低碳型增长方式转变提供了理论指导。其次，由于战略取向存在显著差异，中国对外直接投资动机也在不断发生变化，而战略动机差异将会直接影响到对外直接投资的碳排放效应。因此，在研究中国对外直接投资与碳排放关系问题时，有必要将投资动机因素考虑进来。本书利用 DEA – Malmqusit 指数测算出中国的碳排放绩效指数，并结合中国对外直接投资的逆向技术溢出效应，以考察市场寻求型、资源寻求型、技术寻求型三种投资动机下中国对外直接投资的逆向技术溢出效应对国内碳排放绩效的影响及其区域差异，对于我国不同地区制定差异化的对外直接策略提供了一定的理论指导。

实践方面，当前我国经济正处于"三期叠加"的战略调整期，加快实施以对外直接投资为主体的"走出去"发展战略是转变我国经济发展模式的重要途径。根据实证研究结果，本书提出实施差异化的对外直接投资区域发展战略。首先，我国应在继续扩大对外直接投资规模的基础上，积极鼓励各地区制定和实施适合本地区对外直接投资发展和减少碳排放的政策措施，从而为中国继续实施有效的"走出去"战略措施，以降低国内碳排放水平提供有价值的政策建议。其次，中国应合理布局对外直接投资行业。我国各地区都应加快产业结构的调整步伐，通过合理布局对外直接投资行业，力争使我国从粗放型的经济增长方式向集约型的经济增长方式转变，这样才有可能从根本上减轻中国工业生产领域的二氧化碳排放。最后，政府要不断调整和引导中国对外直接投资企业的区位分布和行业选择，尤其是要进一步鼓励东部地区具有竞争优势的企业深入开展"逆梯度"型对外直接投资，并通过其逆向技术溢出效应，加快促进我国国内产业结构的优化与升级，减少国内碳排放；另外，政府可以把我国已经丧失或即将丧失比较优势的"边际产业"对外进行转移，为国内新兴产业的发展腾出发展空间，进一步推动我国国内产业向低耗能、低污染、低排放的新兴产业升级。

1.2 文献综述

由于研究者最初把二氧化碳视为环境污染中的一种气体污染形式，同时有关国际资本流动与生态环境关系的研究往往起源于经济增长与环境污染关系的研究，进而发展为关于外商直接投资与东道国环境关系研究，以及对外直接投资与母国环境关系研究。

1.2.1 经济增长与环境污染关系研究

1.2.1.1 国外研究综述

Grossman 和 Krueger（1991）最早指出了一国污染物排放和人均收入之间的倒"U"型关系，即一国环境污染会随着该国经济增长呈现出先上升后下降的倒"U"型曲线关系。所以说，从长期来看，当一国人均收入达到特定水平之后，该国的环境污染状况将会随着经济增长逐步得到改善。该曲线后来被 Panayotou（1993）命名为环境库兹涅茨曲线（Environmental Kuznets

Curve，EKC）。之后，Selden 和 Song（1994，1995）、Cole 等（1997）等通过选用多种污染物指标对一国环境污染及其经济发展之间的关系进行实证研究，进一步证实了这种倒"U"型关系曲线的存在。Coondoo 和 Dinda（2002）采用 Granger 因果关系实证研究了全球不同地区的经济增长与碳排放之间的关系，研究结果表明：西欧、北美等发达国家和地区的碳排放到经济增长之间存在着单向因果关系；而在非洲等国家和地区的碳排放和经济增长之间存在着双向因果关系。Hamit - Hagger（2012）主要针对加拿大温室气体排放与该国经济增长之间关系进行研究，实证研究结果表明该国的经济增长和温室气体排放之间仍然存在着倒"U"型曲线关系。Shahbaz 等（2013）、Ozturk 等（2013）、Lau 等（2014）分别利用南非、土耳其和马来西亚的相关数据进行实证研究，研究结果发现，这些国家的经济增长与其国内二氧化碳排放之间同样存在着倒"U"型曲线关系。而有的学者则通过实证分析验证了环境库兹涅茨曲线不存在的观点，如 Hannes Egli（2001）、Kathleen M. day（20001）分别选用德国和加拿大的环境与经济数据进行实证研究，结果表明，环境库兹涅茨曲线在这两个国家并不存在。然而，Arrow 等（1996）、Stern 等（1996）、Ekins（1997）等的研究却否定了此种关系的存在，并发现一国人均碳排放与人均 GDP 之间存在着诸如"N"型、"U"型和倒"N"型等不同类型关系曲线。

1.2.1.2 国内研究综述

国内有关"环境库兹涅茨曲线"的研究主要集中在该曲线在中国国内的适用性并针对中国不同地区以及不同污染物进行的实证研究。彭水军和包群（2006）的研究发现，文中选取的六类环境污染指标中的五类污染指标与我国人均 GDP 之间的关系确实符合环境库兹涅茨曲线。许广月和宋德勇（2010）选用中国省际面板数据，针对环境库兹涅茨曲线在中国国内的存在性进行了实证检验，实证研究结果认为该曲线的研究结论在中国存在显著的地区差异，且仅存在于我国的东、中部地区，而在西部地区是不存在的。闵继胜、胡浩（2011）运用协整模型实证研究了我国碳排放量与经济增长之间的动态变化关系，其研究结果表明：经济增长是我国碳排放量增加的主要诱因。郑长德、刘帅（2011）则认为我国经济增长与碳排放之间存在显著的正相关关系，不同地区间的区域差异比较明显。胡宗义等（2013）的研究结果表明，我国碳排放具有显著的空间依赖性和动态效应，且存在 EKC 拐点，但目前碳排放与经济增长之间的关系仅存在于 EKC 拐点的左侧，跨过这个拐点的可能性非常小，说明在未来很长一段时间内，我国高经济增长很有可能会伴随着高碳排放。聂飞、刘海云（2015）的研究结果表明：我国城市环境污染与经济增长之间存在显著的交互效应，尤其是高排放制造业在促进城市经济增长的同时，也会加剧城市生态环境的恶化。魏下海、余玲铮（2011）选用中国 29 个省际面板数据，运用空间面板计量方法进行实证研究的结果显示，中国人均碳排放量与人均 GDP 之间呈现出明显的倒"U"型曲线关系，但中国的经济增长往往伴随着人均碳排放量的增加和环境质量的下降，这意味着中国仍处于 EKC 曲线的上升阶段。李达、王春晓（2007）主要研究了我国经济增长与三种大气污染物之间的关系，其研究结果表明我国经济增长与这些大气污染物之间不存在倒"U"型曲线关系。许士春、何正霞（2007）实证研究了中国经济增长与工业废气、废水和固体废弃物排放量之间的关系，研究结果表明我国工业废水和固体废弃物排放量与经济增长之间存在倒"U"型曲线关系，而我国废气排放量与经济增长之间则呈现"N"型曲线关系。

显然，上述有关环境库兹涅茨曲线的研究只是简单证明了一国经济增长与其环境污染之间存在着一定程度上的相关关系，但由于这些研究成果缺乏对 FDI 与环境污染之间相互关系的深层次分析。因此，随着国际产业转移理论的不断发展和完善，学者们开始从产业转移视角深入分析和探讨 FDI 与环境污染之间的相互关系。

1.2.2 外商直接投资与东道国环境关系研究

随着国际资本流动在全球经济中的作用日益显著，尤其是 FDI 作为外国资本在东道国经济活动中的表现日益突出，部分学者开始研究 FDI 对东道国环境的影响，进而形成了两种对立的理论假说，即"污染天堂"假说（Pollution Haven Hypothesis）和"污染光环"假说（Pollution Halo Hypothesis）。

1.2.2.1 "污染天堂"假说

该假说最早是由美国经济学家 Walter 和 Ugelow（1979）提出，其主要思想是：随着国际资本流动的深化和国际分工的不断深入，环境管制较为宽松的国家具有生产污染密集型产品的比较优势，考虑到经济发展的重要作用，这些国家倾向于吸引外商直接投资宽松的环境控制，从而使国际社会的污染密集型产业不断进行转移，而且其流向通常是从发达经济体向发展中经济体进行转移。同时，由于各国间国际资本流动的规模和速度越来越大，发展中国家往往容易根据本国经济发展和政治利益的需要来或多或少地降低其环境管制标准。因此，在全球范围内的"三高"（高污染、高耗能、高排放）产业很容易继续从具有较高环境管制标准的发达经济体向低环境管制标准的发展中经济体进行转移，一方面严重恶化了发展中经济体的环境质量，另一方面还会使得发展中经济体成为发达经济体污染产业的"污染避难所"。换句话说，世界各地的环境管理标准不一致导致了各经济体之间存在自由流动的资本，所以实施较低环境控制标准的发展中国家将导致东道国企业承担较低的外部成本内部化的环境差异成本，进而导致东道国单位产品的生产成本低于母国。因此，具有天然逐利本性的资本将会更多地进入东道国国内进行投资生产。此外，由于发展中经济体目前的环境标准基本上低于发达经济体，所以按照假设推论，世界发展中经济体将成为发达经济体污染密集型企业的乐园（Cropper and Gates，1992）。由于该假说在理论上具有很强的说服力和可检验性，国内外学者们开始运用各种方法来对环境"污染天堂"假说进行检验。

（1）国外研究综述。美国学者 Robinson（1988）运用美国 1973～1982 年的数据，对其进出口商品的污染含量进行检验，检验结果显示，美国进口商品中污染物含量的增长率高于其出口产品，说明美国倾向于进口污染密集型产品，其研究结果为"污染避难所"假说提供了经验支持。Low 和 Yeats（1992）的实证研究结果表明，无论是绝对数量还是相对数量，环境管制标准较低的贫穷国家或地区，其污染密集型产业都会有所增加。Jorgenson（2007）实证研究了 39 个不发达国家第二产业与东道国环境污染之间的关系。研究结果表明，这些不发达国家工业废水排放量与东道国的碳排放之间存在显著的正相关关系，即环境"污染天堂"假说在这些国家是存在的。Khalil 和 Inam（2007）实证研究了 FDI 对巴基斯坦国内碳排放量的影响。研究结果显示，短期来看，FDI 对巴基斯坦国内碳排放的增加影响比较明显。而从长期来看，FDI 与该国碳排放之间的相关关系则不显著。随着全球对温室气体效应研究的不断深入，Smarzynska 和 Wei（2001）、Grimes 和 Kentor（2003）、Hoffmann 等（2005）等开始把二氧化碳引入分析模型中，从理论模型和实证分析两个方面对"污染天堂"假说的存在性进行了验证。

当一些学者不断对"污染天堂"假说进行验证的同时，也有部分学者的实证研究结论证实了"污染避难所"假说的不存在性。Copeland 和 Taylor（1997）的研究认为，国际间资本流动既可能会提高东道国的污染水平也可能会降低其污染水平，这主要取决于具体的资本流动模式。Birdsall 和 Wheeler（1993）选用的研究样本估计结果显示，其研究结果并不支持"污染避难所"假说。也就是说，资本在国际间的流动并不会引起污染产业在国际间进行转移。Cole（2005）主要考察了美国对外直接投资与巴西和墨西哥两个发展中国家要素禀赋的关系，其研究结论主要强调国际资本流动在"污染避难所"形成中所起的作用。他认为，要素禀赋说和"污染天堂"假说是两种截然相反的力量。虽然理论上认为"污染天堂"假说存在的基础是一国的比较优势完全由其环境规制的强弱所决定，但在现实中，一国比较优势是由其要素禀赋状况和环境规制水平共同决定的。世界上环境规制水平低的国家通常资本聚集的水平也低，因此没有吸引资本污染密集型投资所必须的资本聚集的存量水平。

（2）国内研究综述。与国外研究成果相比，由于在研究时段、研究范围、估计方法、模型的选取等方面存在不同，因此国内有关外商直接投资与环境质量之间关系的研究，其得出的结论也不尽相同。

杨海生等（2005）从定性和定量两个角度分析了外商直接投资对我国环境污染的影响，认为外商直接投资与我国污染物排放之间存在较为显著的正相关关系。苏振东、周玮庆（2010）运用动态面板数据模型，选用工业废水排放量作为度量环境污染程度的指标，实证分析了外商直接投资对我国环境的影响及其区域差异。研究结果表明，外商直接投资给我国环境带来了非常明显的负面作用。沙文兵、石涛（2006）的研究结果表明，外商直接投资对我国生态环境的负面效应呈现出明显的东高西低的梯度特征。吴玉鸣（2007）则利用省际面板数据模型和时间序列模型对我国外商直接投资与环境规制之间的关联机制及其区域差异进行了实证分析。实证分析结果显示，不同程度的环境规制水平对我国各个地区引进外商直接投资确实具有一定的负面影响，从而在一定程度上证明了"污染天堂假说"的存在。于峰、齐建国（2007）的实证研究结果认为在我国，由于外商直接投资规模不断增加所引发的经济规模效应和经济结构效应产生的环境效应均为负面的，而外商直接投资增加所诱发的技术转移效应带来的环境效应则为正面的，但外商直接投资的总体环境效果则是负面的。张学刚、钟茂初（2010）的研究结果表明：FDI对我国环境产生了负面的规模效应、正面的结构效应和环境技术效应，但环境总效应却是负的。傅京燕、李丽莎（2010）研究结果显示，在我国国内各地区间存在着"污染避难所"效应。陈晓峰（2011）的分析认为，目前长三角地区流入的FDI给这些地区的环境带来了一定程度的负效应。郭沛、张曙霄（2012）的实证结果表明，二者之间存在一定的协整关系，中国碳排放量与外商直接投资互为格兰杰因果关系，从长期来看，外商直接投资的增多将加大中国的碳排放量。

国内也有部分学者对"污染天堂"假说提出了质疑。曾贤刚（2010）利用我国1998~2008年30个省际面板数据进行实证研究的结果表明，目前环境规制对我国国内各个地区外商直接投资的流入均存在一定程度的负面影响，但是这种负面影响还不显著，而且，环境规制和FDI的格兰杰检验结果表明，我国环境规制和FDI之间并不存在因果关系，即"污染避难所"假说在中国成立的证据是不充分的。沈坤荣、王东新（2011）则认为外商直接投资对我国环境的影响存在显著的地区差异。经济较发达地区引进的外商直接投资在一定程度上加大了当地环境污染的程度；而对于欠发达地区来说，通过引进外商直接投资则可以改善该地区的产业结构，从而减少部分污染物的排放，对这些地区环境能起到一定的积极改善作用。杨博琼、陈建国（2011）运用我国省际面板数据进行实证研究的结论认为：FDI对我国污染物排放的影响主要取决于其是否会带来引致投资。如果FDI的增加不会带来国内引致投资，则会降低我国污染物的排放；反之则会增加我国污染物的排放。阚大学（2014）利用1985~2010年我国省际面板数据，运用最小二乘法和固定效应模型进行实证研究发现，FDI很有可能会显著加剧我国国内环境污染，但这种负面效应却呈下降趋势，以至于2000年后FDI改善了环境质量。李子豪、刘辉煌（2013）的研究结果表明，FDI对我国国内环境的影响存在显著的腐败门槛效应。如果地区腐败水平较低，则FDI能起到改善当地环境质量的作用；而当地区腐败水平较高时，FDI则加剧了当地的环境污染排放。戴嵘、曹建华（2015）认为，FDI不同来源地对我国国内碳排放的影响是不同的。其中，来自发达国家和地区的FDI对中国投资的"碳排放避难所"效应比较显著，而来自发展中国家和地区的FDI对中国的投资却没有呈现出这种效应。

1.2.2.2 "污染光环"假说

"污染光环"假说的基本思想是,由于跨国公司拥有先进的技术和管理经验以及母国消费者的绿色消费需求,通常其在东道国环境表现往往有利于改善东道国的环境。此外,与发展中国家的国内企业相比,由于跨国企业的规模相对较大,意味着跨国企业在研发和管理方面的能力会更强,研发投入会更高。当跨国企业到东道国进行投资时,东道国国内企业就会学习和模仿这些跨国企业,这样可能使东道国国内产业标准整体得到提高,进而有利于改善发展中国家的环境质量。能促进东道国治污技术水平提升的相关理论就是所谓的"环境污染光环"假说,该理论是在"波特假说"的基础上发展演化而来的。波特(1995)认为,较为严厉的环境管制可以通过促进跨国公司的技术创新来增强其竞争力而不是向环境标准较低的国家转移污染产业,执行较为严格的环境标准还会给公司带来"环境利润",较为严格苛刻的环境管制政策可能会提高跨国企业的边际成本,进而促使跨国企业开发和使用新的清洁生产技术,在一定程度上可以对东道国环境产生积极的影响。国内外研究大多数都认为FDI是通过其技术溢出效应对东道国的环境产生了正面影响。

(1)国外研究综述。Birdsall 和 Wheeler(1993)的研究表明,"环境污染天堂"假说在拉美地区是不存在的,而且由于外商投资企业通常拥有较高的生产效率和技术水平,而且在一定程度上提升当地的环保意识、增加了当地的环保技术支持。Lucas(1988)、Eskeland 和 Harrison(1997)等的研究表明,FDI流量与东道国污染密集产业转移之间不存在直接联系,外商直接投资对东道国的环境存在负面影响的观点是不成立的。OECD(1999)的研究报告表明,FDI对东道国的环境效应从整体来看应该是正面的,主要原因在于FDI除了能够提高东道国的环境质量,同时伴随着其流入的还有高效的环境质量管理技术和环境友好型技术,这些因素促使外国投资企业能够更好地达到东道国的环境标准。Letchumanan R. 和 Kodama F. (2000)的研究结果表明，外商直接投资不仅有助于加快东道国的技术进步，而且通过不断引进环境友好型技术和产品可以在很大程度上提高东道国的环境福利。Gentry B. S.（2000）的研究结果表明，外商直接投资可以促进发展中国家的环境改善，并可以推进其环境管理向可持续化方向发展。Atici（2012）的研究认为，目前 FDI 对日本国内环境质量没有造成负面影响。Jorgenson 和 Dick（2010）选用 36 个发展中国家面板数据的研究结果表明，无论选用碳排放总量还是选用碳排放强度作为解释变量，FDI 对当地碳排放均不存在积极影响。Eskeland 和 Harrison（2003）的研究发现，属于污染密集型产业的外商直接投资企业比内资企业更重视环境保护，更愿意采取环境友好型的生产和治污技术。这些跨国投资企业对东道国的投资更加倾向于散播绿色技术，通过运用统一的环境标准来推动东道国的节能减排工作。

（2）国内研究综述。马丽、刘卫东、刘毅（2003）的研究认为，外商直接投资对东道国环境产生的负面影响缺乏理论上的支持，原因在于污染控制成本并不是企业成本构成中的最重要因素，也不会成为促使企业进行海外迁移的动力，外商直接投资并不一定会使污染密集产业向东道国进行转移。郭红燕、韩立岩（2008）的研究结果表明：整体来看，外商直接投资对中国国内环境的总效应是正面的，但其影响程度还较小。外商直接投资份额的增加进一步扩大了我国经济规模，虽然在某种程度上增加了国内工业污染排放，但由于其存量的增加也优化了国内经济结构，提高了国内技术水平，从而减少了国内工业污染排放。而且其产业结构优化效应高于经济增长效应，使得其总效应是正的。邓柏盛、宋德勇（2008）通过选用面板数据模型进行实证分析的结果认为，FDI 的流入有利于改善我国国内环境质量。黄菁（2010）的实证研究结果并没有发现 FDI 的流入对中国环境的负面影响，FDI 通过对我国经济增长和环境污染治理带来了正面影响，进而在一定程度上促进了我国的工业污染治理和环境状况改善。李斌、彭星、陈柱华（2011）通过构建动态面板模型，利用 1999～2009 年中国省际面板数据研究了环境规制对中国治污技术创新的直接效应与 FDI 效应。其研究结果在一定程度上验证了"波特假说"在我国的存在性。常乃磊、李帅（2011）的主要研究结论显示：无论是长期还是短期，FDI 都会减轻与抑制国内环境污染；而在短期，FDI、进出口贸易仅为我国环境污染的单向 Granger 原因。聂飞、刘海云（2015）研究表明，FDI 的进入有利于改善城市生态环境，但城市过低的环境标准则会吸引垂直型 FDI 的资金流向高污染加工制造业。白俊红、吕晓红（2015）的研究发现，总体而言，FDI 质量的提升有利于中国环境污染的改善，且不同的 FDI 质量指标对环境污染的影响具有明显的地区差异。许和连、邓玉萍（2012）采用空间计量模型实证分析了 FDI 对我国环境污染的影响，其研究结果表明从整体上看，"污染天堂"假说在中国并不成立。同时，FDI 在地理上的集聚效应却有利于改善我国的环境污染。

1.2.3 对外直接投资与母国环境效应关系研究

目前，国内外有关对外直接投资的研究主要集中在对外直接投资的母国经济增长效应、产业结构效应和逆向技术溢出效应等方面，而关于对外直接投资母国碳排放效应的研究还处于起步阶段。然而，大多数文献的研究结论认为，对外直接投资通常不会直接影响到其母国碳排放，而是通过其经济增长效应、产业结构效应和逆向技术溢出效应间接地对碳排放产生影响。

1.2.3.1 对外直接投资的母国经济增长效应

当前，国内外有关对外直接投资的母国经济增长效应的研究出现了两种截然不同的观点。例如，Desai 等（2005）运用美国时间序列数据进行实证研究的结果表明，对外直接投资的增长能够有效带动母国国内投资的增长，进而有利于促进母国国内经济的快速增长。Frank 等（2006）选取 8 个东南亚经济体的面板数据，运用 Granger 因果关系检验法实证研究了对外直接投资的经济增长效应，其研究结论表明对外直接投资能够有效地推动母国国内经济增长。Herzer（2010）选用 50 多个国家的截面数据，同样对外直接投资与经济增长的关系进行实证研究，研究发现，对外直接投资可以显著地促进母国国内经济增长。Stevens 等（1992）则认为，如果对外直接投资所引起的资金流出并没有出口增加或进口减少来与之相匹配，则对外直接投资的增加将会引起母国经济增长的下降。

国内有关对外直接投资与经济增长关系的实证研究，由于数据样本选择的差异，其研究结果也不尽相同。魏巧琴、杨大楷（2003）运用格兰杰因果关系检验分析了对外直接投资影响我国经济增长的主要途径，其分析结果认为我国对外直接投资对经济增长的促进作用并不显著。宋弘威（2008）的研究结果同样认为，中国对外直接投资和经济增长之间不存在明显的因果关系。肖黎明（2009）对中国对外直接投资与经济增长的关系进行协整分析的结果发现，对外直接投资可以促进国内经济的长期稳定增长，但这种促进作用非常有限。冯彩、蔡则祥（2012）利用中国省际数据研究的结果显示，中国对外直接投资对母国国内区域经济增长的促进作用存在显著的区域差异。其中，东部地区对外直接投资对区域内经济增长的促进效应最大，且其长期促进作用大于短期促进作用。潘雄锋、闫窈博、王冠（2016）选取中国 25 个省际面板数据进行实证研究的结果表明，中国对外直接投资对母国经济增长具有显著的直接作用效应。同时，中国对外直接投资可以通过逆向技术溢出效应和竞争效应，间接地促进母国经济增长。

1.2.3.2　对外直接投资的母国产业结构效应

理论研究方面，国外学者小岛清的"边际产业扩张论"、赤松要的"雁行模式"和小泽辉智的"增长阶段模式"等理论从不同角度解释了对外直接投资对于母国产业结构升级的作用机理。实证研究方面，Hiliey（1999）、Blomstrom（2000）、Advincula（2000）分别对日本和韩国的对外直接投资进行实证研究发现，这些国家的对外直接投资都有效地促进了母国产业结构优化和相关产业结构的升级。而 Barrell 和 Pain（1997）、Blomstrom（1997）分别就欧洲和美国的对外直接投资进行实证研究，却发现其对外直接投资造成了母国国际贸易逆差和就业率下降等负面影响，这不利于母国国内产业结构升级。

国内有关中国对外直接投资的产业结构效应研究结论大多偏向于正面效应，如李逢春（2012，2013）利用 2003～2010 年中国省际面板数据，在改进钱纳里"结构增长"模型基础上，实证研究了中国 OFDI 的产业升级效应。实证研究结果显示，对外直接投资水平越高，市场化程度越高的地区，其 OFDI 的产业升级效应越明显。张春萍（2013）的实证研究结果认为，中国 OFDI 对国内产业升级能起到一定的提升作用，但是向发达国家寻求先进技术以及向发展中国家转移过剩生产能力的对外直接投资尚未形成规模。王英、周蕾（2013）选用 2005～2011 年中国省际面板数据实证研究了中国 OFDI 对国内产业结构升级的作用效果。实证结果显示，资源获取型和市场导向型 OFDI 对国内产业结构升级的促进作用较为显著。杨建清、周志林（2013）的研究结果认为，中国 OFDI 与国内产业升级之间存在长期稳定的比例关系，且 OFDI 能有效地促进国内产业结构升级和优化。陈建奇（2014）的实证研究结果表明，中国 OFDI 与国内产业结构升级之间存在长期的协整关系。张远鹏、李玉杰（2014）运用灰色关联法对中国 OFDI 与国内产业升级之间的关联性进行分析，研究结论认为，中国 OFDI 在一定程度上可以促进国内产业升级，但其作用有限。房裕（2015）的研究结果也表明，中国 OFDI 能够在很大程度上促进国内产业升级，因此，中国应继续发挥 OFDI 的母国产业升级效应，适度增加资源寻求型 OFDI 规模，积极鼓励战略资产导向型 OFDI，大力扶持效率导向型 OFDI。

1.2.3.3 对外直接投资的母国逆向技术溢出效应

从实证角度来看，国内外学者有关对外直接投资的逆向技术溢出效应的研究结论不一致。有的学者认为，对外直接投资的逆向技术溢出效应是存在的，但其溢出程度不同。如 Potterie 和 Lichtenberg（2001）利用包括美国、日本、德国在内的 13 个国家相关数据的研究结果表明，对技术密集型国家的直接投资能显著提高其母国的生产率。刘明霞（2009）的研究结果显示：中国OFDI 在短期内对专利、发明和实用型专利申请有显著的溢出效应，而长期内只对技术含量较低的外观设计专利申请具有显著的逆向溢出效应。同时，中国 OFDI 的逆向技术溢出效应还存在显著的地区差异。沙文兵（2012）同样选用中国省际面板数据，基于逆向技术溢出视角实证研究了中国 OFDI 对国内创新能力的影响。其研究结果表明，中国 OFDI 逆向技术溢出效应对以专利授权数量来表示的国内创新能力具有显著的提升效应，且这种效应存在显著的地区差异。仇怡、吴建军（2012）利用中国与 9 个技术水平较发达的国家（地区）OFDI 与技术创新的投入产出数据，实证分析了中国 OFDI 的逆向技术溢出效应。实证结果显示：中国通过 OFDI 获得的国外研发资本存量具有显著的正的外溢效应，但是由于中国 OFDI 规模发展迟缓，因此其逆向技术溢出程度相对较低。尹建华、周鑫悦（2014）运用中国 2003～2010 年的省际面板数据，通过建立面板门槛模型，实证研究了中国 OFDI 的逆向技术溢出效应。研究结果表明：中国 OFDI 在中、高技术差距区域表现出很明显的逆向技术溢出效应，而且正向逆向技术溢出效应主要存在于高技术区域。宋勇超（2015）的实证检验结果认为，中国 OFDI 的逆向技术溢出效应无论在全国层面还是分区域层面都是存在的，其中，东部地区由于人力资本和研发资本相对丰裕，因此其更容易从 OFDI 的逆向技术溢出效应中获利。李梅、柳士昌（2012）基于中国 2003～2009 年的省际面板数据选用广义矩估计法实证检验了中国 OFDI 的逆向技术溢出效应，检验结果显示，中国 OFDI 对东部地区的技术进步和全要素生产率具有显著的正向溢出效应，而中西部地区的溢出效应则不明显。有的学者认为，对外直接投资的逆向技术溢出效应是显著存在的。而有的学者则认为，对外直接投资的逆向技术溢出效应是不存在或不明显的。如 Bitzer 和 Kerekes（2008）选用 OECD 国家产业层面数据进行实证研究的结果表明，这些国家 OFDI 的逆向技术溢出效应并不显著。李梅、金照林（2011）的研究结果表明，中国 OFDI 对国内技术进步和全要素生产率均无显著正向效应，表明中国 OFDI 的逆向技术溢出效应还未凸显。白洁（2009）、刘伟全（2010）等的研究同样表明，中国对外直接投资对国内技术进步的作用还不明显。

1.2.3.4 对外直接投资的母国环境效应

目前，关于对外直接投资的母国环境效应的研究仍处于起步阶段，周力、庞辰晨（2013）基于区域差异视角，对中国 OFDI 的母国环境效应进行实证研究，其研究结果表明中国 OFDI 对我国国内环境的影响存在明显的区域差异。其中，经济发达地区的环境效应为正，而经济欠发达地区的环境效应则为负。许可、王瑛（2015）选用 30 个省际面板数据考察了中国 OFDI 的母国碳排放效应，研究结果显示：我国对外直接投资和国内碳排放之间存在显著的正向关系。聂飞、刘海云（2016）基于城镇化视角实证研究了中国 OFDI 的碳排放效应，研究结果表明中国 OFDI 的碳排放效应会受到城镇化门槛效应的制约。城镇化水平高的地区，其 OFDI 有利于抑制本地区的碳排放水平，而城镇化水平处于中高水平的地区，其 OFDI 则有利于降低本地区的碳排放水平。

1.2.4 小结

通过对相关研究文献进行梳理和分析可以发现，国内外学者们在 FDI 对东道国环境污染及碳排放的影响方面做出了富有成效的研究，进而为后来的人们继续研究该问题奠定了良好的理论基础。然而，国内外有关"污染天堂"假说和"污染光环"假说的理论研究与实证研究文献大多都是以 FDI 对我国国内环境的影响为出发点的。然而中国的对外直接投资行为是否对母国的环境带来一定程度的影响？如果存在这种影响，又是通过何种机制进行传导的？中国应如何合理调整对外直接投资走向，加快国内产业结构调整，减轻国内产能过剩的压力，减轻国内碳排放，促进我国经济可持续发展。目前，国内有关对外直接投资的研究主要集中在对外直接投资的经济增长效应、逆

向技术溢出效应和产业结构效应等方面，而关于对外直接投资的碳排放效应
研究还处于起步阶段。

1.3 研究思路、方法及创新点

1.3.1 研究思路

本书以中国对外直接投资的母国碳排放效应为研究主题，深入分析了中
国对外直接投资发展现状、碳排放的区域、行业变化特征以及两者间的相关
性，并在理论模型、作用机制和相关真实数据的基础上，选用联立方程模型、
空间面板杜宾模型等计量分析工具，从定性和定量两个层面全面系统地研究
了中国对外直接投资的母国碳排放效应，以期为中国未来进一步扩大对外直
接投资规模，尤其是提升低碳技术寻求型对外直接投资规模，进而为提高中
国对外直接投资质量和发展国内低碳经济提供相应的理论支撑和政策支持。
本书的研究框架如图 1-1 所示。

本书的研究框架主要分为以下五个部分：第一部分是提出问题，主要体
现在第 1 章绪论的内容当中。第二部分是理论分析，主要体现在第 2 章对外
直接投资的经典理论回顾以及对外直接投资影响母国碳排放的理论模型和机
制分析中，本书通过梳理现有相关文献，提出本书研究的必要性；然后，通
过理论模型推导、文献梳理等方式，构建了对外直接投资影响母国碳排放的
多渠道影响机制及不同投资动机下的影响机制，为后续实证研究奠定了理论
基础。第三部分是现状分析，体现在第 4 章的内容中，主要分析了中国对外
直接投资与碳排放的发展现状，进而揭示了当前中国对外直接投资与碳排放
的总体特征、行业特征和区域特征等，为后面进一步的实证研究奠定现实基

础。第四部分是实证分析，主要体现在第4章、第5章和第6章的内容中，这3章实证分析主要借助面板联立方程模型和空间面板杜宾模型等计量方法，以对第2章的理论机制进行较为系统的实证检验。第五部分是结论与启示，主要包括本书的主要研究结论、政策建议以及研究展望。

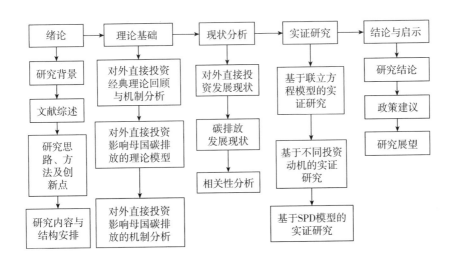

图 1-1　本书的研究框架

1.3.2　研究方法

（1）理论研究与实证研究相结合。本书系统梳理了对外直接投资的经典理论及国内外研究进展，为后续研究提供了理论支撑和文献基础。然后以中国对外直接投资和碳排放的现实数据为依据，不仅揭示了它们之间的关联性、特征和发展趋势，而且为实证研究中国对外直接投资的碳排放效应提供了现实依据。

（2）定性分析与定量分析相结合。首先，本书立足于国际投资、经济增长和环境经济学等国内外经典理论，定性分析了中国对外直接投资影响母国碳排放的理论模型和传导机制。其次，在传导机制的作用下，通过构建联立方程模型，并将 3SLS 系统估计法引入对外直接投资的母国碳排放效应面板联立方程估计当中，以此解决参数估计过程中存在的偏误问题。再次，基于东道国资源禀赋和经济发展水平迥异所引起的不同投资动机下中国 OFDI 逆向技术溢出效应的差异，本书利用基于 DEA 模型的 Malmqusit 指数方法，测算了 2005～2013 年中国 30 个省际区域的碳排放绩效指数，并从不同投资动机视角分析了中国 OFDI 逆向技术溢出效应对国内碳排放绩效的影响及区域差异。最后，本书基于中国对外直接投资与碳生产率在地理空间上集聚分布的客观事实，通过构建空间面板杜宾模型，进而从空间溢出角度分析了中国对外直接投资对国内碳生产率的影响。

（3）传统计量模型分析与新兴空间计量模型分析相结合。在现有的研究成果中，大多数学者关于 OFDI 与碳排放的研究基本采用了联立方程模型、固定效应模型等传统计量模型进行分析。鉴于中国对外直接投资与碳排放存在区域上相互制约、相互影响的客观特征，不同区域的碳排放水平可能存在一定的空间集聚与空间关联，因此本书在使用传统计量模型进行分析的同时，借助空间面板杜宾模型对中国对外直接投资的碳排放效应进行分析，可以进一步确保研究结论的可靠性和真实性。

1.3.3　创新点

本书的创新点主要体现在以下三个方面：

第一，本书在借鉴 Copeland 和 Taylor（1994）理论模型的基础上，构建了对外直接投资影响母国碳排放的理论模型和作用机制。只有真正理解对外直接投资影响碳排放的多渠道传导机制，才能有针对性地采取措施来发挥对外直接投资的"碳减排"效应。由于现有研究中涉及对外直接投资影响碳排放的多渠道传导机制的尚不多见，因此，本书在一般均衡分析的基础上，构建了对外直接投资影响母国碳排放的经济增长效应、产业结构效应和逆向技术溢出效应理论模型，即"三效应"理论模型，进而选用 3SLS 估计方法对构建的联立方程模型进行估计。

第二，综合运用我国省际面板数据并利用 DEA – Malmqusit 指数测算出我国省际碳排放绩效指数，基于东道国资源禀赋和经济发展水平迥异这一客观事实，明确了中国对外直接投资的不同投资动机，进而尝试研究不同投资动机下中国 OFDI 逆向技术溢出的碳排放效应及其区域差异。最后通过实证研究分析了不同投资动机下中国对外直接投资对母国碳排放的传导效应，为制定以降低碳排放为核心的对外直接投资政策和节能减排措施提供现实依据。

第三，基于中国对外直接投资与碳生产率在地理空间上集聚分布的客观事实，实证检验了中国对外直接投资与碳生产率的空间关联性，进而构建了空间面板杜宾模型。同时为了便于比较，本书分别选用 SLM、SEM、SDM 三种空间计量模型，从全样本和区域样本两个视角实证分析了中国对外直接投资对母国碳生产率的影响，并对估计结果进行了稳健性检验，进一步提高了估计结果的可靠性。由于 2008 年金融危机前后，中国对外直接投资发生了显著性变化，因此本书以 2008 年为分界点，分别考察 2005～2008 年和 2009～2013 年两个样本期间中国对外直接投资对母国碳生产率影响的阶段性特征。

1.4 研究内容与结构安排

本书的主要研究内容与结构安排如下：

第 1 章：绪论。主要阐述了本书的研究背景及意义、研究思路和方法以及论文的创新点等内容。

第 2 章：对外直接投资影响母国碳排放的理论基础。其中，前半部分内容主要梳理了对外直接投资的理论基础。分别沿着发达国家和发展中国家国际投资理论两条主线，对当今主要的国际直接投资理论进行简要回顾与述评。

同时，对现有对外直接投资经典理论的梳理与回顾，有助于在研究思路和研究方法上为分析中国对外直接投资的国内碳排放效应提供理论基础。后半部分内容则侧重于对外直接投资影响母国碳排放的多渠道传导机制及理论模型的推导，从而为下文中的实证模型提供坚实的理论支撑。

第 3 章：中国对外直接投资与碳排放的发展现状。有关中国 OFDI 发展现状的分析主要包含研究期内中国对外直接投资的存量、流量、不同投资行业及不同投资对象国等方面的变化特征。有关中国国内碳排放的分析则选择研究期内在我国不同地区和不同行业碳排放测算的基础上，分别从全国层面、区域层面和行业层面对我国国内碳排放的变化特征进行深入分析。

第 4 章：基于联立方程模型的中国 OFDI 影响母国碳排放的实证研究。本书基于 Copeland 和 Taylor（1994）的理论模型，分析了 $1 \times 2 \times 2$ 模型（一个国家、两种产品、两种生产要素）中的产品市场实现局部均衡时，中国对外直接投资通过其规模效应、结构效应和逆向技术溢出效应等不同渠道对母国国内碳排放的影响，补充和完善了现有的理论研究框架。然后，本书在理论模型分析基础上，以 2005～2013 年中国 30 个省际面板数据为研究对象，通过将三阶段最小二乘法（Three Stage Least Square，3SLS）系统估计法引入对外直接投资的多渠道联立方程模型中，这样可以更加全面、稳健地考察中国 OFDI 对国内碳排放的多渠道影响。

第 5 章：基于投资动机视角的中国 OFDI 影响母国碳排放的实证研究。本章利用 DEA - Malmqusit 指数测算出我国的碳排放绩效，尝试研究由于东道国资源禀赋和经济发展水平迥异所引起的不同投资动机下中国 OFDI 逆向技术溢出效应的差异，是否会通过特定的传导机制影响到中国各地区的碳排放绩效？基于此，本书选用 2005～2013 年 30 个中国省际和 18 个国别面板数据，主要研究了技术寻求型、市场寻求型和资源寻求型三种动机下的中国 OFDI 逆向技术溢出对全国及各地区碳排放绩效的影响及区域差异。

第 6 章：基于空间面板杜宾模型的中国 OFDI 影响母国碳生产率的实证

研究。本章首先检验了中国对外直接投资与碳生产率的空间关联性，进而通过构建空间面板杜宾模型，从空间溢出角度分析了中国对外直接投资对国内碳生产率的影响。同时为了便于比较，本书分别选用 SLM、SEM、SDM 三种空间计量模型从全样本和区域样本两个视角实证分析了中国对外直接投资对国内碳生产率的影响，在此基础上对估计结果进行了稳健性检验。

第 7 章：研究结论、政策建议与研究展望。本章结合中国对外直接投资母国碳排放效应的实证研究结论，主要提出了实施差异化的对外直接投资区域发展战略、注重对外直接投资的区位选择、鼓励技术寻求型对外直接投资以及为低碳技术寻求型对外直接投资提供财税支持四个方面的政策建议。最后，鉴于客观数据的可获得性、指标变量选取的合理性以及主观学术研究能力和认识水平的限制，提出了本书尚存在的一些不足之处及有待进一步完善的空间。

2 对外直接投资影响母国碳排放的理论基础

2.1 对外直接投资经典理论回顾

2.1.1 基于发达国家视角的对外直接投资理论

2.1.1.1 垄断优势理论

海默的垄断优势理论认为，全球对外直接投资行为产生的根本原因在于市场的不完全性，而且拥有垄断优势是跨国企业从对外直接投资行为中获得利益的根本条件。海默指出，汇率波动、文化差异、法律制度等因素都会给跨国企业在开展对外直接投资时带来风险和考验。有时在对外投资过程中甚至还会受到东道国政府的歧视，这些因素无疑会在很大程度上加重对外直接投资企业的经营成本。跨国企业往往拥有某种垄断优势，例如，拥有产品性能差别、特殊销售技巧、控制市场价格能力等市场垄断优势，或是拥有经营管理技能、掌握先进的生产技术等生产垄断优势，抑或是拥有规模经济优势等垄断优势才可以和东道国企业相竞争，并把产品价格和企业利润维持在较高水平上，并最终形成不完全竞争的市场格局。另外，他认为，跨国公司能够进行外商直接投资，主要是因为与东道国当地企业相比，跨国公司拥有的垄断优势足以抵消其额外的经营成本，更重要的是这个垄断优势应与企业所有权有关，是不容易丧失有形资产或无形资产。金德尔伯格（Kindleberger）等对海默提出的垄断优势理论进行了补充、完善和发展，并认为，跨国企业的垄断优势一方面主要来自其在经营过程中获得的外部、内部规模经济；另一方面则来自由于东道国政府的税收、关税、汇率和利率等政策因素造成的市场不完全。同时，为了实现与东道国企业进行竞争时能够获得更多的主动权，跨国企业应将拥有的垄断优势进行资本化。

2.1.1.2 内部化理论

1976 年，英国学者巴克利、卡森及加拿大学者拉格曼认为，由于中间产品市场的不完全性是普遍存在的，而这种不完全性通常是由某些市场失灵行为和某些垄断势力的存在所导致的。不完全性的存在则会导致国际企业间中间产品交易成本的上升，进而偏离其实现利润最大化这一终极目标。基于此，跨国企业必须建立起其内部市场进行交易，即将外部市场交易进行内部化。通过内部化市场进行交易，不仅可以避免由于市场的不完全性对企业生产和经营效率产生的消极影响，还可以使企业结合其内部管理手段以便在其内部开展资源的协调与配置。当企业对其内部活动的市场开发空间跨越国界时，就意味着该企业开始了其跨国投资行为。因此，内部化理论认为，跨国企业开展对外直接投资的主要动机是消除和克服外部市场不完全对企业效率造成的负面影响。

2.1.1.3 产品生命周期理论

弗农认为应把技术变化作为国际贸易的又一决定因素，并尝试解释一个国家在国际贸易中某种产品的进出口流向变化及其原因。弗农指出，各国在产品生产上的比较优势将会随着产品生命周期不同阶段中各种投入在成本中的重要程度的不同而发生变化。也就是说，在产品生命周期的不同阶段，产品的要素密集度不同，不同的国家将会在产品生命周期的不同阶段拥有自己的比较优势。

第一阶段：创新阶段。在该阶段，创新国的某个企业创新出一种新产品，由于其他国家的消费者对新产品的特性及使用方法等性能不太了解，该产品的需求主要来自创新国国内。因此，在这一阶段，创新国基本上没有出口。从要素密集度来看，由于在这一阶段需要投入大量的研发费用，而创新国的企业在新产品世界市场上拥有强大的技术垄断优势，因此，这一时期的产品属于技术密集型的，创新国在该产品的生产上拥有比较优势。

第二阶段：成长阶段。随着时间的推移，这种新产品逐渐被国外消费者所认知，企业生产逐步增长并取得规模经济，这时才开始向收入水平相近的国家和地区出口，产品生命周期进入成长阶段。在此时期内，创新国的技术垄断优势逐步丧失，研发成本和熟练劳动的重要性开始下降，使产品的要素密集度开始由技术密集型向资本密集型转变。一般发达国家作为创新国的模仿国开始拥有生产这种产品的比较优势，进而成为该产品的主要出口国。

第三阶段：标准化阶段。在这一阶段，不但研发成本和人力资本的重要性开始下降，甚至资本要素的重要程度也开始下降，低工资和非熟练劳动成为比较优势的重要来源，使产品的要素密集度由资本密集型向劳动密集型转变。此时，具有一定工业基础的发展中国家开始拥有生产该种产品的比较优势，并成为该产品的净出口国。

产品生命周期理论是把动态比较优势理论与要素禀赋理论结合起来的一种理论。该理论主要运用动态分析法，基于国际技术创新和技术传播的视角，主要分析了国际贸易产生的理论基础和贸易格局的动态化演变过程。因此，该理论对于解释国际贸易、国际投资、国际技术转移等国际经济活动都具有重要的影响。

2.1.1.4 国际生产折衷理论

邓宁的国际生产折衷理论认为，一国的对外直接投资行为是由其所拥有的所有权优势、区位优势和内部化优势共同决定的。其中，所有权优势（Ownership Advantages）是指一国企业所拥有的某些无形资产的优势和规模经济所产生的优势。内部化优势（Internalization Advantages）是指一国企业为了规避市场的不完全性而将其拥有的优势保持在企业内部进行使用。区位优势（Location Advantages）则是指东道国所拥有的政策优势和生产环节优势等。例如，东道国的市场资源、自然资源、人力资源等要素禀赋优势及其对外国企业的优惠政策等。

综上可知，邓宁的国际生产折衷理论运用多变量分析法，解释了跨国公司开展对外直接投资所应具备的三个客观条件，该理论为一国企业是否应该从事对外直接投资活动提供了一定的理论依据。然而，国际生产折衷理论所提出企业从事对外直接投资活动的三个条件过于绝对化，有一定的片面性。该理论强调只有同时具备这三种优势的企业才有可能从事跨国投资行为，并把这一论断从企业层面推广到了国家层面。但是由于该理论仅仅是对垄断优势理论、内部化理论和区位优势理论三种理论的简单综合，因此，缺乏从国家利益的宏观角度来分析不同国家企业对外直接投资的动机。另外，它关于三种优势理论间相互关系的分析仅仅停留在静态的分类方式上，并没有考虑随时间变动在三种优势理论间可能会存在的动态分类方式。

2.1.1.5 边际产业扩张理论

小岛清所提出的边际产业扩张论以20世纪60年代的日本为研究对象，主要考察了该国的对外直接投资行为，并着重分析了日本对外直接投资行为与美国对外直接投资行为的不同，并提出了日本对外直接投资的独特发展之路。该理论在李嘉图比较优势原理的基础上，通过将一国对外贸易与其对外直接投资行为进行有机结合，从而有力地揭示了发展中国家对外直接投资行为的形成原因和行业特征。边际产业扩张论的主要内容可以细分为：

第一，对外直接投资行业选择。该理论应依次将从本国已经处于劣势或即将丧失比较优势的产业对外进行转移，不仅可以改善母国国内产业结构、促进母国对外贸易和国民经济发展，而且还能促进东道国国内产业结构调整以及提高东道国劳动生产率。

第二，对外贸易与对外直接投资的相互关系。日本的对外直接投资大多以中小型合资企业的形式存在的，且大多属于自然资源密集型和劳动密集型行业。这种投资方式不仅着眼于自然资源的开发与利用，还可以对纺织品、零部件等标准化的劳动密集型产品的生产进行行业转移，这与东道国当地生产要素的结构特征相吻合，能极大地促进母国对外贸易的发展。也就是说，日本的对外直接投资属于贸易创造型的，即其与该国的对外贸易之间存在一定的互补关系。而美国的对外直接投资则大多属于贸易转移型的，原因在于美国的对外直接投资主要是以独资形式存在的，且其对外直接投资行业大多是美国具有比较优势的技术密集型行业，投资主体则大多是具有垄断性质的跨国公司，其对外直接投资动机多是市场导向型的，出口大多是由东道国的生产所取代，从而挤占了美国的出口贸易份额。

第三，投资方式和国别特征。该理论认为发展中国家应采取合资方式进行对外直接投资，这样不仅可以减轻其参与对外直接投资的资金压力，而且还能更好地促进双边贸易的扩大。从国别特征来看，该理论指出应从技术差距小、容易对其进行产业转移的国家开始，并依次有序进行。

边际产业扩张论注重从国际分工的比较成本来分析一国的对外直接投资行为，而且从对外直接投资的区位选择、行业选择和投资方式等方面都提出了具有指导性的理论依据。同时，该理论也为我国中小企业对外直接投资提供了坚实的理论支撑。

2.1.2 发展中国家的对外直接投资理论

2.1.2.1 小规模技术理论

威尔斯的小规模技术理论认为，在跨国投资中，与发达国家相比，发展中国家在技术水平上并不占优势，而只能依靠其拥有的特有优势来取胜。威尔斯认为，相对于发达国家而言，发展中国家的特有优势主要表现在以下方面：小规模市场的技术优势、要素使用成本优势和产品价格优势。同时，威尔斯还认为，发展中国家往往是在出口市场上受到威胁时才会选择对外直接投资策略，而与东道国的地理距离、经济发展水平和社会文化相似度等因素都会影响发展中国家的对外直接投资行为。此外，在对外直接投资企业能保持相对于本国企业技术优势的情形下，发展中国家会有更多的企业通过对外直接投资来内部化这些竞争优势。

2.1.2.2 技术地方化理论

拉奥在分析了印度跨国公司竞争优势的基础上，主要分析了印度对外直接投资动机，并提出了技术地方化理论。该理论认为，发展中国家不会仅仅局限于对发达国家先进技术的简单模仿，而是在不断改造引进技术的基础上将其进行本土化改进。在此基础上，将改进后的技术和母国国内生产要素条件进行结合，并开发出更具本土特色的差异化产品，从而可以培育出本国跨国企业新的竞争优势。拉奥进而将发展中国家的竞争优势来源概括为技术知识特性、产品需求特性、小规模生产技术特性等。

拉奥的技术地方化理论有助于帮助发展中国家通过不断提高对引进发达国家先进技术的改造和创新能力，从而形成自己的独特优势。该理论更加强调一国企业对技术引进的再创造过程。也就是说，发展中国家不仅是在模仿和复制发达国家的先进技术，而是对先进技术进行消化、吸收、改进和创新的过程。

2.1.2.3 投资发展周期理论

英国雷丁大学教授邓宁通过实证研究方法从宏观层面将多个国家的对外直接投资净流量与其经济发展阶段的变化关系引入一个动态分析框架中，在补充和完善了其所提出的国际生产折衷理论的基础上，提出了投资发展周期理论。

该理论将一国的净对外直接投资与该国的经济发展水平联系起来，认为两者之间存在正相关关系。该理论将一国的净对外直接投资大致分成了五个阶段：第一阶段，一国 OFDI 和 FDI 流量都很小，该国的净对外直接投资额为零或接近于零的负数。第二阶段，一国 FDI 的流量开始增加，但该国 OFDI 的流量还是很小。第三阶段，一国 OFDI 流量的增加超过 FDI 流入的增加。但该国的净对外直接投资额仍为负数，但其绝对值会不断缩小。第四阶段，一国 OFDI 流量超过了其 FDI 流量，使得该国的净对外直接投资额变为正数，且该数值不断扩大，该国变成了净对外直接投资国。第五阶段，一国 OFDI 流量仍大于其 FDI 流量，净对外直接投资额仍为正数，但其绝对值呈下降趋势。一国对外直接投资的不同发展阶段的变化不仅受其经济发展程度的影响，而且更多地受到来自发达国家交叉投资的影响。

邓宁进一步运用所有权、内部化和区位三种优势在不同发展阶段的变化解释了一国对外直接投资与其母国经济发展阶段之间的变化关系及其产生的原因，如表 2-1 所示。

表 2-1　一国对外直接投资与其经济发展之间的变化关系

人均 GDP（美元）	所有权优势	内部化优势	区位优势	对外直接投资
GDP≤400	否	否	否	流入量、流出量均很小
400＜GDP≤2000	否	否	是	流入量大于流出量，差额很大
2000＜GDP≤4750	是	是	是	流入量大于流出量，差额在缩小
GDP＞4750	增强	增强	增强	流出量大于流入量

资料来源：Dunning, J. H. International Production and the Multinational Enterprise［M］. London：Allen & Uniwin, 1981：34-35.

邓宁总结出了国际资本流动的一般规律，即经济发展水平越高国家的跨国企业往往越具备较好的所有权优势、内部化优势和区位优势，对外直接投资规模也就越大。一方面，投资发展周期理论首次将一国的国民生产总值与其对外直接投资行为联系起来，进而论证了一国的对外直接投资地位是随着其竞争优势的变化而变化的。另一方面，该理论则从动态视角分析了一国跨国投资行为与该国经济发展之间的辩证关系，这在一定程度上揭示了发展中国家跨国企业对外投资行为的深层次原因。虽然邓宁的投资发展周期理论能够从微观角度来分析一国宏观经济的总体变化趋势，但是由于在现实中处在同一经济发展阶段的国家仍会出现直接投资流入与流出趋势不一致的情况。因此，该理论无法解释现实中一国对外直接投资流入与流出有出入的情况。

2.1.3　小结

综上可知，无论是发达国家的对外直接理论还是发展中国家的对外直接投资理论都是在特定的经济环境及经济发展阶段中为了解决相关问题而产生的，它们的发展都是基于全球对外直接投资发展迅速这一现实背景上，因此，这些对外直接投资理论或多或少都能给各国对外直接投资行为提供了相应的理论指导。虽然早期的对外直接投资理论主要以发达国家的对外直接投资行为为研究对象，但是随着发展中国家经济发展水平和对外直接投资规模的迅速扩张，其在全球对外投资中的占比大幅上升，国际上以发展中国家和新兴工业国家为研究对象的对外直接投资理论也开始不断涌现出来，这大大丰富和扩展了我们对于当今世界对外直接投资的认识。

同时，我们也发现，现有的对外直接投资理论不是针对某一类国家的跨国投资行为进行研究，就是仅就研究对外直接投资的某一方面进行研究。显然，无论是发达国家的对外直接投资理论还是发展中国家的对外直接投资理论或多或少会存在一些局限和不足。比如垄断优势理论只能用来解释发达国家的对外直接投资行为，而不能用来解释处于比较劣势的发展中国家企业的对外直接投资行为；内部化理论仅仅考虑到了市场的不完全性，而忽视了影响一国对外直接投资的其他某些诱发因素，更没有把对外直接投资的区位选择问题考虑进来；小规模技术理论仅仅是从技术引进的视角解释了发展中国家的对外直接投资主要源于发达国家的技术引进，但却没有考虑发展中国家在技术引进和不断学习过程中所进行的创新行为；即使是集大成的国际生产折衷理论也只能解释所有权优势、内部化优势和区位优势是如何影响一国对外直接投资活动的，但却没有解释三种优势者之间的关系如何，更没有充分考虑到国际经济环境的变化对企业进行对外投资决策的影响。因此，探索国际直接投资理论的道路还很漫长。

2.2 对外直接投资影响母国碳排放的理论模型

2.2.1 基本假定

假设某一经济社会只生产清洁产品和污染产品两种产品。其中，清洁产品用 X 表示，污染产品用 Y 表示。由于生产技术水平存在差异，使生产两种产品过程中的碳排放水平（C）也不同。假设在极端情况下，由于生产 X 产品过程中未采用清洁技术，X 产品的生产必然伴随着二氧化碳的排放；由于产品 Y 的生产过程中使用了清洁生产技术，因此其生产过程中不会有二氧化碳排放。同时，假设 X 和 Y 两种产品的生产都具有规模收益的性质，两种产品的单位价格分别用 P_X 和 P_Y 表示，且其生产中只使用两种生产要素资本（K）和劳动（L），且两种产品的资本劳动比的大小关系为：（K_X/L_X）>（K_Y/L_Y），按照 H－O 理论的结论，资本密集型产品大多属于污染密集型产品，而劳动密集型产品则大多属于清洁产品。依据此结论，本书在此假设 X

为资本密集型产品，Y为劳动密集型产品①。

依据上述假设，本书将产品 X、Y 和碳排放 C 的生产函数表示如下：

$$Y = H(K_Y, L_Y) \tag{2-1}$$

$$X = (1 - \varphi)F(K_X, L_X) \tag{2-2}$$

$$C = \omega(\varphi)F(K_X, L_X) \tag{2-3}$$

其中，φ 表示 X 产品部门进行"碳减排"的资源配置情况，即该产品部门为减轻碳排放需投入的生产要素占其全部生产要素的比例，$0 \leqslant \varphi \leqslant 1$。$\omega(\varphi)$ 表示碳减排强度，且 $\omega(0) > 0$，$\omega'(\varphi) < 0$，$\omega''(\varphi) > 0$，这说明 $\omega(\varphi)$ 是关于 φ 的单调递减函数，也就是说，要素投入占比越高，碳排放量越低。

由式（2-2）可知，产品 X 的产出水平取决于两个变量，即潜在最大产出 F 和"碳减排"投入要素所占比例 φ。但在实践中，随着经济社会中环境技术的不断进步，$\omega(\varphi)$ 本身还会受到一国技术水平 A 的影响。本书借鉴 Copeland 和 Taylor（2003）、盛斌和吕越（2012）的研究成果，将一国所生产的产品 X 的碳减排强度函数设置为：

$$\omega(\varphi) = \frac{1}{A}(1 - \varphi)^{\frac{1}{\alpha}} \tag{2-4}$$

在式（2-4）中，A 表示碳减排的技术水平，α 表示函数参数，且 $0 < \alpha < 1$。显然，在碳减排投入要素不变的情况下，一国的碳排放量会随着该国碳减排技术水平 A 的提高而减少。然后，将式（2-4）代入式（2-2）可得：

$$C = \frac{1}{A}(1 - \varphi)^{\frac{1}{\alpha}}F(K_X, L_X) \tag{2-5}$$

再将式（2-5）代入式（2-3），可得：

$$X = (AC)^{\alpha}[F(K_X, L_X)]^{1-\alpha} \tag{2-6}$$

---

① 本部分内容主要参考了盛斌和吕越（2012）的理论推导过程。

2.2.2 利润最大化的决策

由于生产 X 产品的过程会排放二氧化碳，因此对于产品 X 来说，意味着其生产过程会产生负的外部环境效应。根据科斯定理，在产权明晰的条件下，产生碳排放的 X 产品部门要为其碳排放付出一定的成本，假设该成本为 δ，则该成本可看成是政府对 X 产品部门征收的环境税或是企业为得到碳排放权而支付的费用。这时，为了实现利润最大化这一经济目标，X 产品部门可通过将其成本最小化的方式来实现。

根据式（2-6）可知，X 产品部门利润最大化决策过程可分为两个阶段：

第一阶段，为实现 X 产品的既定潜在产出 F 最大，可以通过选择最佳的资本 K 和劳动 L 要素投入组合，使其成本最小。

$$c^F(w,r) = \min\{wK_F + rL_F, F(K_F, L_F) = 1\} \tag{2-7}$$

在式（2-7）中，表示在不考虑碳减排成本的情况下，产品 X 潜在产出的总成本为 $c^F(w, r)F$。其中，K_F、L_F 分别表示生产单位潜在产出 X 所需要的资本和劳动。

第二阶段，通过选择合适的碳排放量 C 和产品 X 的潜在最大产出量 F，使得生产 X 产品的成本最小化。

$$c^x(\delta, c^F) = \min\{\delta AC + c^F F, (AC)F^{1-\alpha} = 1\} \tag{2-8}$$

为简化分析，这里假设 X 产品市场是完全竞争的，则当 X 产品市场实现均衡时，该产品部门的经济利润应为零，即：

$$P_X X = c^F F + \delta AC \tag{2-9}$$

$$\frac{\left(\dfrac{1}{\alpha}\right)AC}{\left[\dfrac{1}{(1-\alpha)}\right]} = \frac{c^F}{\delta} \tag{2-10}$$

其中，式（2-10）是在考虑减排成本的情况下，产品 X 实现成本最小化的一阶条件。联立式（2-9）式（2-10）即可求解出 X 产品部门的碳排放强度（即单位 X 产出的碳排放量）e 为：

$$e = \frac{C}{X} = \frac{\alpha P_X}{A\delta} \tag{2-11}$$

其中，X 产品部门的碳排放强度 e 与其碳减排技术水平 A 之间呈负相关关系，与碳排放成本 δ 呈负相关关系，与产品价格呈正相关关系。也就是说，产品 X 的碳排放强度会随着碳减排技术水平的提高和碳排放成本的提升而下降，会随着产品价格的提高而增加。将式（2-1）和式（2-3）代入式（2-11）可得到碳排放要素最佳投入量为：

$$\varphi = 1 - \left(\frac{\alpha P_X}{\delta}\right)^{\frac{\alpha}{(1-\alpha)}} \tag{2-12}$$

同样，当市场达到均衡时，X 产品部门的要素投入、潜在产出 F 和碳排放总量 c 之间的关系可描述为：

$$c^F F = (1 - \alpha) P_X X \tag{2-13}$$

由此可知，为实现 X 产品部门的最大理想产出，则该产品部门的产出成本可表示为：

$$c^F(w, r) = (1 - \alpha) P_X (1 - \varphi) = P_X (1 - \alpha) \left(\frac{\alpha P_X}{\delta}\right)^{\frac{\alpha}{(1-\alpha)}} \tag{2-14}$$

显然，当 X 产品市场实现均衡时，应满足条件：$P_X = c_X$，$P_Y = c_Y$，即应使产品 X 的价格 P_X 等于其边际成本 c_X，产品 Y 的价格 P_Y 等于其边际成本 c_Y。当充分就业条件下的要素市场达到均衡时，资本（K）和劳动（L）的总需求应等于其总供给。即有：

$$\begin{cases} \dfrac{\beta_{KF}}{1 - \varphi} X + \beta_{KY} Y = K \\[3mm] \dfrac{\beta_{LF}}{1 - \varphi} X + \beta_{LY} Y = L \end{cases} \tag{2-15}$$

在式（2-15）中，β_{KF} 和 β_{KY} 分别表示生产单位 X 和潜在产出和单位 Y 潜在产出所需投入的资本数量；β_{LF} 和 β_{LY} 则分别表示生产单位 X 和单位 Y 潜在产出所需投入的劳动数量。在产品 X 和 Y 的市场价格给定时，资本和劳动的价格 w、r 会受到 P_X 和 P_Y 的影响，因此，X 产品和 Y 产品市场实现均衡时的均衡产出可表示为：

$$\begin{cases} X = X(P_X, P_Y, \delta, K, L) \\ Y = Y(P_X, P_Y, \delta, K, L) \end{cases} \qquad (2-16)$$

2.2.3 OFDI 影响母国碳排放的传导机制

由上文分析可知，在 X 产品的单位碳排放量已知的条件下，当 X 产品市场达到均衡时，X 产品部门的最佳碳排放量可表示为：

$$C = eS\lambda_X / P_X \qquad (2-17)$$

其中，$S = P_X X + P_Y Y$ 表示一国的经济总量，$\lambda_X = P_X X / (P_X X + P_Y Y)$ 则表示 X 产品产量占该国整体经济总量的比重。假如 X 产品部门的碳排放成本 δ 不再是固定不变的，同时假定 w、r、P_X、P_Y 是模型中的外生变量，则对式（2-17）两边同时取自然对数并求导后可得：

$$\frac{dC}{C} = \frac{dS}{S} + \eta_{\lambda,\delta}\frac{d\delta}{\delta} + \eta_{\lambda,k}\frac{dk}{k} - \frac{dA}{A} - \frac{d\delta}{\delta} \qquad (2-18)$$

Antweiler 等（2002）在 Grossman 和 Krueger（1991）的基础上提出了一个包含赫克歇尔—俄林—萨缪尔森定理的开放经济条件下环境污染一般均衡理论模型，该模型认为在开放经济条件下一国或一地区的环境污染主要由贸易诱发的规模效应、结构效应和技术效应所决定。本书借鉴上述研究者的研究结果，认为一国碳排放同样受到该国经济规模效应 dS/S、结构效应 dk/k 和技术效应 dA/A 的影响。同理，一国 OFDI 的不断增加也会通过其经济规模效应、结构效应和逆向技术溢出效应对母国的碳排放产生影响，通过对式（2-17）两边关于 OFDI 求导，并乘以 OFDI 可得到：

$$\frac{dC}{dOFDI}\frac{OFDI}{C} = \frac{dS}{dOFDI}\frac{OFDI}{S} + \eta_{\lambda,\delta}\frac{d\delta}{dOFDI}\frac{OFDI}{\delta} + \eta_{\lambda,k}\frac{dk}{dOFDI}\frac{OFDI}{k} -$$

$$\frac{dA}{dOFDI}\frac{OFDI}{A} - \frac{d\delta}{dOFDI}\frac{OFDI}{\delta} \qquad (2-19)$$

由于母国 OFDI 不受其环境规制水平的影响，因此可将 OFDI 对碳排放的影响分解为规模效应、结构效应和技术效应。

$$规模效应：\frac{dS}{dOFDI}\frac{OFDI}{S} \qquad (2-20)$$

$$结构效应：\eta_{\lambda,\delta}\frac{d\delta}{dOFDI}\frac{OFDI}{\delta} + \eta_{\lambda,k}\frac{dk}{dOFDI}\frac{OFDI}{k} \qquad (2-21)$$

$$技术效应：\frac{dA}{dOFDI}\frac{OFDI}{A} \qquad (2-22)$$

2.3　对外直接投资影响母国碳排放的机制分析

2.3.1　基于"三效应"理论的机制分析

根据 Grossman 和 Krueger（1991）提出的"三效应"（规模效应、结构效应和技术效应）理论及上文中的理论模型推导过程可知，中国对外直接投资同样不会直接影响到母国碳排放，而是通过其经济增长效应、产业结构效应和逆向技术溢出效应对国内碳排放产生间接影响的。具体影响机制如下：

2.3.1.1　经济增长效应

首先，由于我国在某些自然资源的开发方面存在技术缺陷或供给不足等问题，导致诸如铁矿石、稀有金属等自然资源的供给小于国内需求，进而我国需要花费高额的外汇储备从国外进口这些自然资源。尤其是石油、天然气等战略性资源的大量进口不仅会给国家经济安全带来威胁，还有可能会制约我国经济的可持续发展。因此，中国对外直接投资通过对东道国自然资源进行开发和利用，可以建立起稳定、长久的资源供应渠道，减少自然资源的国际供应及其国际市场价格变动给国内经济带来的波动，这种对外直接投资方式在一定程度上可以弥补我国国内自身自然资源的不足，同时，还可以优化我国国内资源配置，促进国内经济增长。其次，中国对外直接投资企业可以选择通过在东道国发行股票、项目抵押贷款等方式来筹措所需资金，或者以投入实物资产和无形资产等形式进行投资，不仅可以拓宽对外投资企业利用国外资本的渠道，还可以使国内企业打破其发展的资本瓶颈，从而使其资本结构得到优化，并迅速实现规模经济和良性发展，进而促进国内经济增长。最后，通过对外直接投资国内企业可以引进、吸收、消化、改进国外先进技术，从而促进母国国内技术进步，进而来实现母国国内经济增长。通过对外直接投资来实现母国国内技术进步进而促进母国国内经济增长的方式主要有以下两种：一是有实力的国内企业可以选择到海外技术资源密集的地方直接设立研发中心；二是通过兼并或收购拥有核心技术的海外企业，进而掌握其经营管理权，从而使国内企业能够绕过贸易壁垒的方式将先进技术引入国内，并通过国内市场竞争对其进行吸收和消化，提升企业自身技术的管理水平，进而带动国内经济增长。然而，根据环境库兹涅茨曲线理论，一国环境质量与其人均收入间呈现倒"U"型关系，因此，中国对外直接投资通过其经济增长效应影响国内碳排放的具体结果还需进行深入研究。

2.3.1.2 产业结构效应

首先，如上文所述，对外直接投资可以使母国企业获得稳定的资源供应，尤其是自然资源的供应，从而促进其相关产业的发展，提高企业的行业竞争力。这不仅可以促进企业自身产业的改造和升级，从而减少对传统资源的使用和依赖，同时还可以通过资源配置效应、竞争效应等渠道促进其他相关产业的发展，进而优化其产业结构。其次，以寻求战略型资产为主要动机的对外直接投资通常有助于提高对外直接投资企业的生产效率、降低其生产成本，并通过其示范效应和竞争效应，促进母国同类产业中其他企业以及相关产业的发展，加快国内产业结构升级。最后，根据小岛清的边际产业扩张理论，通过将母国已经丧失或即将丧失比较优势的"边际产业"转移到国外，可以使母国国内过剩的产能得以释放，并集中各种优势力量发展高端优势产业。这种对外直接投资方式不仅可以增加投资收益也可以促进母国高端产业的发展，进而促进母国国内产业结构的优化升级。对于中国来说，诸如家电、纺织等行业在国内市场已经或即将处于饱和状态，即有可能成为中国的"边际产业"，通过将这些劳动密集型、高耗能、高污染的低附加值产业转移到国外，可以使国内集中精力发展高附加值产业，并通过产业结构的优化升级减少国内碳排放。

2.3.1.3 逆向技术溢出效应

首先，为了能够充分利用东道国的技术领先优势，母国企业应选择到技术资源较为丰富的国家或地区进行投资。对外直接投资方式可以选择直接在当地设立研发机构或子公司，通过当地自主研发或合作研发等活动，掌握核心技术，然后将新技术、新产品、新工艺等技术信息反馈给母公司，并通过其在母国的传播和扩散效应，增强母国其他公司或其他相关产业的吸收与研发能力，从而带动母国的技术进步。其次，通过跨国并购海外企业，既可以规避技术壁垒，将海外公司的研发技术、研发资源和研发成果转化为公司内部资源，从而获得与母国企业互补的研发能力。此外，通过与东道国本土企业或研发机构进行多种形式的研发合作或开发合作，可以取得关键性技术资源和新产品技术支持，并通过如企业内部交易等多种渠道将技术资源传递回母国。最后，获取更多的投资收益通常是企业进行对外直接投资所要考虑的关键性因素。通过对外直接投资通常可以使母国企业获得稳定的资源供应，进而通过资源配置效应、竞争效应降低其生产成本，增加母国企业的利润。新增加的利润不仅可以提高母国企业的自主研发能力，还可以通过其在厂商间的逆向技术溢出效应能够带来更为直接的外部性，进而有助于提高母国在该领域的整体技术水平（见图 2 - 1）。

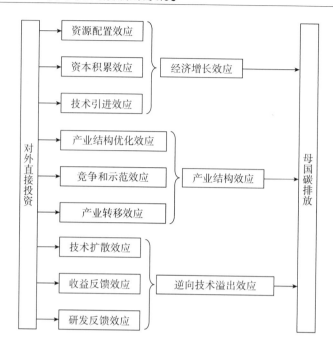

图2-1 基于"三效应"理论的对外直接投资影响母国碳排放的机制分析

2.3.2 基于不同投资动机视角的机制分析

投资动机是企业决定是否进行对外直接投资的主要驱动因素，也是企业希望通过对外直接投资来实现长期发展的重要战略目标和发展意图。虽然有关对外直接投资动机的分类方式众多，但由于邓宁的分类方式具有高度的概括性而得到了广泛应用。邓宁（1998）在综合前人研究的基础上，并结合经济全球化背景下各国企业对外直接投资行为的新表现，进而将一国企业的对外直接投资动机归纳为技术寻求型、效率寻求型、市场寻求型和资源寻求型四种动机，从而形成了较为完备的对外直接投资动机分类。

由于对外直接投资动机对不同国家母国碳排放的影响机制不同，本书将企业对外直接投资动机主要划分为：资源寻求型动机、市场寻求型动机和技术寻求型动机三种类型来分析对外直接投资影响母国碳排放的作用机制。

2.3.2.1　资源寻求型对外直接投资动机

如图 2 - 1 所示，资源寻求型对外直接投资主要是以获取国外的矿产资源和能源为主，这种类型的对外直接投资大多出现在一国工业化快速发展阶段。资源寻求型对外直接投资不仅可以增加母国国内基础性资源的供应，而且还可以为发展母国经济提供稳定可靠的资源供应，同时还可以减少母国国内矿产资源和能源的开采，从而降低母国国内碳排放。其次，由于资源寻求型对外直接投资的产业关联性相对较强，往往可以在很大程度上带动母国国内资源开采设备的出口，同时还能促进下游工业制成品生产规模的扩大和出口。一方面能够提升母国国内资源型行业的规模经济效应，同时还有可能会提升母国国内相关产业的碳排放量。

2.3.2.2　市场寻求型对外直接投资动机

市场寻求型对外直接投资一般是在母国国内市场趋于饱和、产能出现过剩的情况下以进入或占领东道国的市场为主要目的的。同时，由于受到贸易和非贸易壁垒的限制，市场寻求型对外直接投资企业通常是以绕过贸易壁垒为主要投资动机，进而达到进入和拓展国际市场的目的。这种类型的对外直接投资企业往往可以通过在东道国当地进行直接投资进而绕过东道国设置的各种贸易壁垒，实现在东道国本土化生产并直接在当地进行销售，从而可以获得更大的发展空间，并大大提高了企业的利润率，进而为跨国投资企业进行传统产业和产品的改造以及新产品、新设备、新产业的引进提供有力的资金保障。

2.3.2.3　技术寻求型对外直接投资动机

技术寻求型对外直接投资通常是以获取东道国的技术资源：如智力要素、研发机构、信息等为目标，以新建或并购海外研发机构为途径，进而来提升企业技术竞争力为宗旨的跨境资本输出行为。这种类型的对外直接投资主要通过以下三种途径对母国国内碳排放产生影响：第一，通过对拥有技术领先优势的东道国进行直接投资，可以打破技术先进国的技术垄断局面，从而可以使对外直接投资企业能够更加直接地获取东道国当地最先进、最核心的生产技术，尤其是获取清洁能源技术，然后通过其逆向技术溢出效应，使技术迅速反馈到母国并加以改造和利用，从而实现降低母国国内碳排放的目的。第二，对外直接企业通过将海外投资利润汇回母国国内，可以使母国拥有更加充足的资金用于节能减排技术的研发和实施，进而推动母国开采能源、使用和消费能源等的技术进步与创新，从而在一定程度上能有力促进母国国内新兴产业的发展并最终实现降低母国国内碳排放的目的。第三，母国国内有实力的企业通过到发达国家进行直接投资，不仅能够学习、掌握并引进东道国的先进技术，而且还可以引进国外超前的消费理念，进而在逐步改变母国国内消费模式的基础上，通过增加母国国内消费者对高科技产品和清洁产品的需求规模，从而实现促进母国国内新兴产业的发展并降低母国国内碳排放的战略发展目标（见图2－2）。

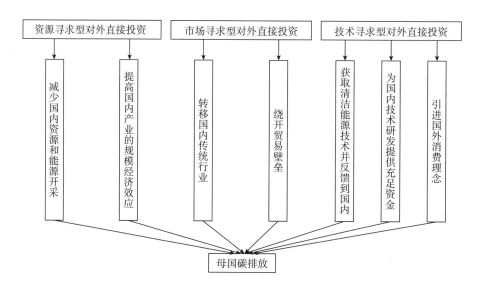

图2－2　基于投资动机视角的对外直接投资影响母国碳排放的机制分析

2.3.3 对外直接投资和对外贸易的碳排放效应机制异同分析

对外直接投资和对外贸易的碳排放效应机制基本上都是通过规模效应、结构效应和技术效应三个方面进行研究的，并由此建立了对外直接投资和对外贸易对母国碳排放效应分析的基本理论框架。然而在理论方面，对外直接投资和对外贸易与碳排放效应也存在一些不同点。主要表现在：

2.3.3.1 规模效应

对外贸易对母国经济发展的促进作用即规模效应表现得更为直接，贸易自由化很容易促进一国经济发展，并使其经济活动的规模得到迅速扩张。当经济中存在市场失灵和政策失灵的情况下，贸易活动往往会带来负面的环境效应。而对外直接投资的规模效应则主要通过投资回报、投资收益和引进技术等途径对母国经济增长和碳排放产生间接影响。

2.3.3.2 结构效应

从母国角度来看，贸易自由化的发展通常会引起大量的外商商品和外国资本进入母国，并对母国的产业结构产生影响。而这种影响则会引起母国产业结构的调整，其调整的结果则会使母国对自然资源和人力资源的配置产生变化，进而起到促进母国国内产业结构的升级和优化。然而，由于贸易自由化通过产业结构的变化对母国碳排放产生的影响是不确定的，这主要取决于扩张的生产部门和收缩的生产部门之间污染强度的比较。而对外直接投资通过其结构效应对母国环境产生的影响主要取决于其投资动机。如上文所述，以寻求战略型资产为主要动机的对外直接投资往往有助于提高母国对外直接投资企业的生产效率、降低其生产成本，并通过其示范效应和竞争效应，促进母国同类产业中其他企业以及相关产业的发展，加快国内产业结构升级。

2.3.3.3 技术效应

对外贸易对碳排放产生影响的第三种途径主要是通过技术扩散来提高母国的技术水平和生产效率，进而在保证产出不变的情况下，通过减少资源性投资，可以减少母国污染物的排放，从而达到改善母国环境的目的。也就是说，对外贸易影响母国碳排放的技术效应主要体现在技术扩散方面。而对外直接投资影响母国碳排放的技术效应的影响路径更加多样化，不仅体现在技术扩散效应上，更多地体现在研发反馈效应和收益反馈效应上。

除了上述三种效应以外，对外贸易的碳排放效应还有可能体现在资源配置效应和全球价值链效应。前者是指按照比较优势理论，在对外贸易中，一国出口的通常是其具有比较优势的产品，而进口的则是其不具有比较优势的产品。也就是说，对外贸易会对母国国内资源带来一定的资源配置效应，而配置效应带来的资源使用效率的提高应对一国环境具有正面的影响。然而，在现实中，由于发达国家和发展中国家在资本、技术、劳动力以及自然资源等方面存在显著差异。因此，对外贸易的产生通常意味着生产某种产品的国家在获得出口利益的同时还承担了生产这项产品的污染责任，而消费这项产品的国家承担的环境污染责任却很少。后者则指由于发达国家拥有雄厚的资金和技术领先优势，通常处于全球价值链的高端环节，而发展中国家则处于全球价值链的低端环节，对能源的消耗量大，由此造成可贸易商品的碳排放效应也就增大。

3 中国对外直接投资与
碳排放的发展现状

3.1 中国对外直接投资的发展现状

3.1.1 中国对外直接投资的总量特征分析

3.1.1.1 流量增速处于较高发展水平

表 3 – 1 中的数据表明，2000 ~ 2015 年中国对外直接投资流量整体上呈现逐年上升的趋势。虽然中国对外直接投资流量在 2000 ~ 2002 年出现了短暂波动且幅度较大，2003 年以后中国对外直接投资却实现了连续 13 年平稳快速增长。尤其是 2015 年，中国对外直接投资流量达 1456.7 亿美元，与 2014 年相比增长了 18.3%，并且首次超过了同时期中国实际利用外资金额 1356 亿美元。

从中国对外直接投资流量的增长率来看，2002 ~ 2015 年中国对外直接投资流量年均增长率高达 35.9%，"十二五"期间中国对外直接投资流量总额为5390.8亿美元，是"十一五"时期的2.4倍。其中，2000～2002年中国对外直接投资的年增长率非常不稳定，波动性非常大。2001年的增长率高达590%，到2002年却出现了60.9%的负增长。虽然2003年以后的年增长率出现了高低不齐的波动情况，但从其发展趋势来看均处于快速发展时期。增长速度尤为突出的是2005年和2008年，增长率分别为123%和110.9%。增长速度最慢的则是2009年，增长率只有1.1%。这一结果产生的主要原因在于2008年国际金融危机导致的国际市场形势低迷，从而影响了中国对外直接投资的发展。

中国对外直接投资流量占全球份额的数据表明，中国对外直接投资的国际地位虽有明显提升，但是所占份额依然非常有限。2005年以前，中国对外直接投资流量占全球比重还不足1%，2009年以后，该比重开始超过5%，2015年则高达到9.9%，在全球对外直接投资流量排名中首次位列世界第二，从而确立了我国对外直接投资世界大国的国际地位。

表3-1　2000～2015年中国直接投资流量、增长率及占全球流量份额

单位：亿美元，%

年份	2000	2001	2002	2003	2004	2005	2006	2007
流量	10.0	69.0	27.0	28.5	55.0	122.6	176.3	265.1
增长率	—	590.0	-60.9	5.7	92.6	123.0	43.8	50.3
占全球流量份额	0.07	0.92	0.47	0.45	0.90	1.68	2.72	1.45
年份	2008	2009	2010	2011	2012	2013	2014	2015
流量	559.1	565.3	688.1	746.5	878.0	1078.4	1231.2	1456.7
增长率	110.9	1.1	21.7	8.5	17.6	22.8	14.2	18.3
占全球流量份额	3.86	5.10	5.20	4.40	6.30	7.40	8.97	9.90

资料来源：笔者根据历年《中国对外直接投资统计公报》相关数据整理、计算得到。

3.1.1.2　存量增速缓慢，所占份额逐年上升

表3-2中的数据表明，2000～2006年中国对外直接投资存量在波动中

缓慢增长，但增长速度较慢。2006 年以后，中国对外直接投资存量开始进入快速增长时期。其中，2007 年中国对外直接投资存量首次突破了 1000 亿美元大关，2015 年则再次突破了 10000 亿美元，存量数额达到 10978.6 亿美元。从中国对外直接投资存量的增长率来看，2003 年开始以较快速度增长，但是增长缓慢且不稳定。其中增长速度较快的年份有 2004 年、2007 年、2008 年，增长率分别为 34.9%、57.2% 和 56%。从份额来看，中国对外直接投资存量占全球直接投资存量的份额由 2002 年的 0.45% 提升至 2015 年的 4.4%，排名则由第 25 位上升至第 8 位。

表 3 - 2　2000 ~ 2015 年中国对外直接投资存量及增长率

单位：亿美元,%

年份	2000	2001	2002	2003	2004	2005	2006	2007
存量	277.7	346.5	299.0	332.0	448.0	572.0	750.3	1179.1
增长率	—	24.8	- 13.7	11.0	34.9	27.7	31.2	57.2
占全球流量份额	0.45	0.52	0.40	0.48	0.55	0.59	0.85	0.57
年份	2008	2009	2010	2011	2012	2013	2014	2015
存量	1839.7	2457.6	3172.1	4247.8	5319.4	6604.8	8826.4	10978.6
增长率	56.0	33.6	29.1	33.9	25.2	24.2	33.6	24.4
占全球流量份额	0.96	1.3	1.6	2.01	2.3	2.5	3.4	4.4

资料来源：笔者根据历年《中国对外直接投资统计公报》相关数据整理、计算得到。

3.1.1.3　对外投资首超引进外资，中国开始进入资本净输出阶段

2015 年，中国实际利用外资金额 1356 亿美元，同比增长 6%。中国对外直接投资 1456.7 亿美元，较同年吸引外资高出 100.7 亿美元，首次实现直接投资项下资本净输出。原因在于，近年来随着中国综合国力的不断提升，尤其是"一带一路"建设和国际产能合作的加快推进，中国对外投资政策体系的不断完善以及多双边务实合作深入推进等共同助力中国企业"走出去"，中国对外直接投资进入了快速发展阶段。

3.1.2　中国对外直接投资的地区特征分析

根据我国经济发展的不平衡性，将我国划分为东部、中部和西部三大区域①。从区域分布特征来看，东部地区的地方非金融类对外直接投资仍占主导地位，然而随着中国对外开放格局不断向内陆地区进行深入，内陆省份的对外直接投资开始逐渐增加，并且和沿海地区的差距正逐渐缩小。在2003～2015年的非金融类对外直接投资流量中，中部地区所占比重由2003年的9.58%增长到2014年的10.11%，2015年则下降为8.35%；西部地区所占比重则由2003年的0.83%增长到2014年的9.31%，2015年则下降为7.05%。虽然中、西部地区所占比重在2015年均出现了不同程度的下降，但其变化过程仍表明我国所实施的西部大开发及中部崛起等国家发展战略在促进中、西部地区企业"走出去"方面取得了显著成效，"走出去"战略正逐渐由东部地区向中西部地区扩散（见表3-3）。

表3-3　2003～2015年中国非金融类对外直接投资流量地区分布　单位:%

年份	2003	2004	2005	2006	2007	2008	2009
东部地区	89.58	85.00	77.75	78.56	71.13	66.45	68.35
中部地区	9.58	11.93	17.14	16.54	13.37	15.51	22.54
西部地区	0.83	3.07	5.11	4.90	15.50	18.04	9.11
年份	2010	2011	2012	2013	2014	2015	—
东部地区	77.42	73.14	72.33	76.32	80.57	84.6	—
中部地区	11.31	15.52	13.95	15.03	10.11	8.35	—
西部地区	11.27	11.34	13.71	8.65	9.31	7.05	—

资料来源：笔者根据历年《中国对外直接投资统计公报》相关数据整理、计算得到。

① 区域样本划分标准为：东部地区包括北京、天津、河北、辽宁、上海、江苏、浙江、福建、山东、广东、广西、海南共12个省份；中部包括山西、吉林、内蒙古、黑龙江、安徽、江西、河南、湖北、湖南共9个省份；西部包括四川、重庆、贵州、云南、陕西、甘肃、青海、宁夏、新疆共9个省份。

2015 年，我国东部、中部、西部地区非金融类对外直接投资流量占比分别为 84.6%、8.35%、7.05% 的较快增长；尤其是上海、北京、广东三地区的对外直接投资流量均突破百亿美元，分别达到 231.83 亿美元、122.8 亿美元和 122.63 亿美元，同比增长了 364.4%、68.8% 和 12.5%，成为我国对外直接投资流量的前三名。这些数据表明，中国对外直接投资存在着非常明显的"东高西低"现象。

3.1.3 中国对外直接投资的行业特征分析

表 3 - 4 是 2004 ~ 2015 年中国对外直接投资流量的行业分布情况。表中数据表明，中国对外直接投资的产业分布呈现出多样化发展趋势，但个别产业集中度仍然较高，如采矿业、批发和零售业、租赁和商业服务业、制造业和金融业等。2004 年中国采矿业的对外直接投资流量比重高达 32.74%，几乎占据了中国对外直接投资流量的 1/3。虽然 2004 年之后开始处于下降趋势，但其所占比重依然占到了 20% 左右，尤其是到 2014 年，中国采矿业的对外直接投资流量比重仍然达到了 13.44%。批发和零售业自 2003 年以来所占比重波动幅度较大，从 2004 年的 14.55% 提高到 2005 年的 18.44%，2006 年又骤然下降到 5.26%，2007 年又提高到 24.92%，到了 2014 年这一比重达到 14.86%。批发和零售行业类投资主要是指在通过东道国设立代表处为母国企业搜集当地市场需求信息和为母国国内商品出口提供全面的售后服务等活动。租赁和商业服务业这类投资活动一般不从事具体的对外经营业务，主要是为企业的资产管理、重大决策、内部日常工作等提供全方位的服务，而这种类型的对外直接投资比重则基本处于不断上升的发展态势。从 2004 年的 13.63% 快速上升到 2015 年的 24.9%，成为 2015 年中国对外直接投资中比重最大的一个行业部门。

表 3 - 4   2004 ~ 2015 年中国对外直接投资流量的行业①分布情况   单位:%

行业	2004 年	2005 年	2006 年	2007 年	2008 年	2009 年	2010 年	2011 年	2012 年	2013 年	2014 年	2015 年
A	5.25	0.86	0.87	1.03	0.31	0.61	0.78	1.07	1.68	1.66	1.65	1.8
B	32.74	13.66	40.35	15.33	10.42	23.60	8.31	19.35	23.00	15.43	13.44	7.7
C	13.74	18.60	4.28	8.02	3.16	3.96	6.78	9.43	6.67	9.87	7.78	13.7
D	1.43	0.06	0.56	0.57	2.35	0.83	1.46	2.51	0.63	2.20	1.43	1.5
E	0.87	0.67	0.16	1.24	1.31	0.64	2.37	2.21	4.05	3.70	2.76	2.6
F	14.55	18.44	5.26	24.92	11.65	10.85	9.78	13.83	13.58	14.86	14.86	13.2
G	15.07	4.70	6.50	15.34	4.75	3.66	8.22	3.43	3.07	3.40	3.39	1.9
H	0.04	0.06	0.01	0.04	0.05	0.13	0.32	0.16	0.16	0.16	0.20	0.5
I	0.55	0.12	0.23	1.15	0.53	0.49	0.74	1.04	1.30	1.41	2.57	4.7
J	0.00	0.00	16.68	6.29	25.13	15.45	12.54	8.13	14.01	11.47	12.93	16.6
K	0.15	0.94	1.81	3.43	0.61	1.66	2.34	2.64	3.67	2.30	5.36	5.3
L	13.63	40.31	21.36	21.15	38.85	36.22	44.01	34.29	25.09	30.46	29.91	24.9
M	1.97	1.57	1.91	1.50	0.89	1.90	2.37	1.90	3.18	3.08	3.70	5.6

资料来源:《中国对外直接投资统计公报》(2004 ~ 2015)。

截至 2015 年底,中国对外直接投资行业几乎涵盖了我国国民经济的所有行业类别,尤其是制造业、金融业、信息传输、软件和信息服务业的增速较快,分别同比增长了 108.5%、52.3%、115.2%。而流向装备制造业的投资额则达 100.5 亿美元,同比增长了 158.4%,占制造业投资总额的 50.3%,同时还带动了装备、技术标准和服务等相关行业的对外直接投资。

一国或一地区的对外直接投资动机通常难以直接捕获,但可以通过其对外直接投资的行业分布情况间接地反映出该国或该地区对外直接投资动机。以 2015 年为例,租赁和商业服务业、批发和零售业、金融业、采矿业、制造业、交通运输、仓储和邮政业的比重分别占中国对外直接投资总量的

---

① 行业分类:A 农、林、牧、渔业;B 采矿业;C 制造业;D 电力、热力、燃气及水的生产和供应业;E 建筑业;F 批发和零售业;G 交通运输、仓储和邮政业;H 住宿和餐饮业;I 信息传输、软件和信息技术服务业;J 金融业;K 房地产业;L 租赁和商务服务业;M 其他行业。

24.9%、13.2%、16.6%、13.7%、7.7%和5.3%，而这六个行业的投资总额占到该年份对外直接投资总量的81.4%。由此可以看出，中国对外直接投资的动机相对来说比较突出。投资于采矿业的战略目标主要是为了解决中国经济增长的资源瓶颈问题，显然可以把该行业的投资动机看成是资源寻求型的动机。而投向了批发和零售业以及租赁和商业服务业则显然主要是以寻求市场型为主，这种投资流向恰巧说明随着国际市场竞争的日益激烈，中国企业需要开始通过对东道国直接投资的方式来获取东道国的市场，这样才有可能真正深入国外市场中。投向制造业等要素尤其是劳动密集型行业的直接投资，其目的很可能是为了通过向东道国进行直接投资达到利用国外优质生产要素的目的或者是规避东道国贸易壁垒。投向金融业的对外直接投资其目的主要在于节约投资成本和费用、分散企业投资经营风险、为跨国经营的客户提供服务等，因此可以将这两种投资动机看成是壁垒规避型的动机（见图3-1）。

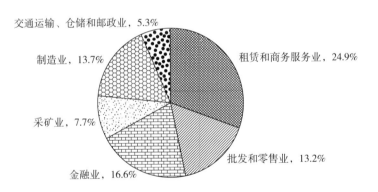

图3-1 2015年中国对外直接投资流量占比在5%

以上的行业分布情况

资料来源：笔者根据《中国对外直接投资统计公报》（2015）相关数据计算得到。

《中国对外直接投资统计公报》（2015）（以下简称《公报》）将行业与国别相结合对中国对外直接投资统计数据作了进一步的细化，为以国别为基础的中观层次的研究提供便利。因此本书对《公报》中提供的对东道国或地区投资的行业分布特征进行了分析,如表3-5所示。

表3-5　2015年中国对特定东道国或地区直接投资的行业分布比例

单位:%

行业	中国香港	欧盟	东盟	美国	澳大利亚	俄罗斯
租赁和商务服务业	39.8	-211.9	45.7	27.9	13.5	1.3
批发和零售业	15.9	3.8	11.9	11.1	4.2	0.5
金融业	18.3	39.3	6.2	-5.6	11.8	25.9
采矿业	2.3	185.1	0.3	-19.4	12.9	47.6
交通运输、仓储和邮政业	1.8	0.5	0.4	0.2	10.4	—
制造业	6.4	55.2	18.1	49.9	9.0	9.3
房地产业	6.1	1.0	1.2	2.3	27.7	0.4
信息传输、软件和信息技术服务业	3.1	0.2	0.4	3.9	—	0.0
居民服务、修理和其他服务业	1.4	0.4	0.3	0.9	0.1	1.6
建筑业	0.9	0.4	3.9	5.0	2.9	0.6
电力、热力、燃气及水的生产和供应业	1.0	0.6	2.1	0.4	—	—
科学研究和技术服务业	0.7	10.7	0.6	15.3	0.8	0.8
农、林、牧、渔业	0.7	7.5	3.5	1.1	5.4	11.7
文化、体育和娱乐业	0.9	0.3	0.1	4.7		
水利、环境和公共设施管理业	0.6	—	5.3	0.8		
住宿和餐饮业	—	6.8		1.0	1.0	
其他行业	0.1	0.2	0.0	0.0	0.3	0.3

资料来源:笔者根据《中国对外直接投资统计公报》(2015)相关数据计算得到。

2015年,中国内地对香港地区的投资流量总额达897.9亿美元,占中国对外直接投资流量总额的61.6%,是目前中国对外直接投资流量中份额占比最大的地区,同比增长26.7%。从行业构成来看,流向租赁和商业服务业的投资量为357.04亿美元,同比增长49.1%,占39.8%;批发和零售业143.18亿美元,同比增长4.7%,占15.9%;金融业164.48亿美元,同比增长 69.5%，占 18.3%；采矿业 20.57 亿美元，同比下降 75.3%，占 2.3%；制造业 57.82 亿美元，同比增长 84.3%，占 6.4%；房地产业 54.91 亿美元，同比增长 86%，占 6.1%。中国内地对香港地区的直接投资占比如此之高，主要原因在于中国对外直接投资的主要并购项目大多是通过香港地区再投资完成的。

2015 年，中国对欧盟投资较上年回落幅度较大，中国对欧盟直接投资的流量总额为 54.8 亿美元，与 2014 年相比下降了 44%，占中国对外直接投资流量总额的 3.8%，较上年下跌 4.1 个百分点，占对欧洲投资流量的 77%。从流向的主要国家看，位于前三位的国家分别是荷兰、英国和德国，投资流量分别达到 134.63 亿美元、18.48 亿美元和 4.1 亿美元。另外，中国对瑞典、奥地利、保加利亚、芬兰、西班牙和罗马尼亚的投资实现快速增长。从投资的行业分布看，流向制造业的投资流量达 30.23 亿美元，同比增长 246.3%，占对欧盟投资的 55.2%，主要流向荷兰、英国、瑞典和奥地利等国家；流向金融业的投资流量达 21.55 亿美元，同比增长 154.1%，占对欧盟投资的 39.3%；流向科学研究和技术服务业的投资流量达 5.87 亿美元，同比增长 141.6%，占对欧盟投资的 10.7%；流向农、林、牧、渔业的投资流量为 4.11 亿美元，同比增长 144.6%，占对欧盟投资的 7.5%；流向住宿和餐饮业的投资流量为 3.69 亿美元，是 2014 年的 12.7 倍。

2015 年，中国对东盟十国的对外直接投资流量总额为 146.04 亿美元，占 10%，同比增长 87%。2015 年末中国对东盟投资存量为 627.16 亿美元，占存量总额的 5.7%。从投资流量的行业构成来看，流向制造业的占 18.1%，达 26.39 亿美元，主要分布在印度尼西亚、泰国和新加坡等；在行业分布方面，流向租赁和商务服务业的占 45.7.%，达 66.74 亿美元；流向批发和零售业的占 11.9%，达 17.43 亿美元；流向建筑业的占 3.9%；流向农、林、牧、渔业的占 3.5%；流向金融业的占 6.2%；流向水利、环境和公共设施管理业的占 5.3%。

2015 年，中国对美国对外直接投资流量为 80.29 亿美元，占中国对外直接投资流量总额的 5.5%，同比增长 5.7%。2015 年末，中国对美国投资存量为 408.02 亿美元，占中国对外直接投资存量的 3.7%。从投资流量的行业分布来看，中国对美国投资行业流量在 10 亿美元以上的有制造业、租赁和商业服务业和科学研究和技术服务业，投资流量总额分别为 40.08 亿美元、22.39 亿美元和 12.28 亿美元，占比分别达到 49.9%、27.9% 和 15.3%。以后依次为批发和零售业 8.94 亿美元，占 11.1%；建筑业 4 亿美元，占 5%；文化、体育和娱乐业 3.75 亿美元，占 4.7%；信息传输、软件和信息技术服务业 3.1 亿美元，占 3.9%；房地产业 1.84 亿美元，占 2.3%。

2015 年，中国对澳大利亚的投资放缓，直接投资流量为 34 亿美元，占中国对外直接投资流量总额的 2.3%，同比下降 16%。由于受到国际大宗商品价格持续走低的影响，中国流向澳大利亚采矿业的投资大幅减少，同比下降了 85.8%。流向房地产业 9.42 亿美元，同比增长 166.1%，占 27.7%；租赁和商务服务业 4.58 亿美元，同比增长 129%，占 13.5%；金融业 4.01 亿美元，同比增长 557%，占 11.8%；交通运输、仓储和邮政业 3.53 亿美元，占 10.4%；制造业 3.06 亿美元，同比增长 246.8%，占 9%；农、林、牧、渔业 1.85 亿美元，同比增长 146.9%，占 5.4%。

2015 年，中国对俄罗斯直接投资实现了快速增长，投资流量为 29.61 亿美元，同比增长 367.3%，占中国对外直接投资流量总额的 2%，占对欧洲投资流量的 41.6%。从行业分布情况看，投资主要集中在采矿业 47.6%，金融业 25.9%，农、林、牧、渔业 11.7%，制造业 9.3%，居民服务、修理和其他服务业 1.6%，租赁和商务服务业 1.3%，科学研究和技术服务业 0.8% 等领域。

3.1.4 中国对外直接投资的区位特征分析

从表 3 - 6 和图 3 - 2 中的中国对外直接投资的区位分布情况来看，不论是流量还是存量，2003～2015 年中国在亚洲地区的对外直接投资均占我国当年对外直接投资总量的一半以上。其中，流量占比从 2003 年的 52.5% 上升到 2015 年的 74.4%，存量却从 2003 年的 80% 下降到 2015 年的 70%，虽然存量占比有所下降，但却意味着中国对外直接投资区位分布正朝多元化方向发展。位于第二位的是拉丁美洲，虽然流量和存量占比波动较大，但基本上保持在 10% 以上。而且中国在亚洲地区和拉丁美洲地区的直接投资量占到了中国对外直接投资总额的 80% 以上。显然，中国在亚洲地区和拉丁美洲地区的对外直接投资优势非常突出。

表 3－6 2003～2015 年中国对外直接投资的区位分布情况　　　　单位:%

年份	亚洲		非洲		欧洲		北美洲		大洋洲		拉丁美洲	
	流量	存量	流量	存量	流量	存量	流量	存量	流量	存量	流量	存量
2003	52.5	80.0	2.6	1.5	5.3	1.6	2.0	1.7	1.1	1.4	36.5	14.0
2004	54.6	74.6	5.8	2.0	3.1	1.7	2.3	2.4	2.2	1.1	32.0	18.5
2005	36.0	71.0	3.0	3.0	4.0	3.0	3.0	2.0	2.0	1.0	52.0	20.0
2006	43.5	63.9	2.9	3.4	3.4	3.0	1.5	2.1	0.7	1.3	48.0	26.3
2007	62.6	67.2	5.9	3.8	5.8	3.8	4.2	2.7	2.9	1.6	18.5	20.9
2008	77.9	71.4	9.8	4.2	1.6	2.8	0.7	2.0	3.5	2.1	6.6	17.5
2009	71.5	75.5	2.5	3.8	5.9	3.5	2.7	2.1	4.4	2.6	13.0	12.4
2010	65.2	71.9	3.1	4.1	9.8	5.0	3.8	2.5	2.7	2.7	15.3	13.8
2011	60.9	71.4	4.3	3.8	11.1	5.8	3.3	3.2	4.4	2.8	16.0	13.0
2012	73.8	68.5	2.9	4.1	8.0	7.0	5.6	4.8	2.9	2.8	7.0	12.8
2013	70.1	67.7	3.1	4.0	5.5	8.0	4.5	4.3	3.4	2.9	13.3	13.0
2014	69.0	68.1	2.6	3.7	8.8	7.9	7.5	5.4	3.5	2.9	8.6	12.0
2015	74.4	70	2.0	3.2	4.9	7.6	7.4	4.8	2.7	2.9	8.6	11.5

资料来源:《中国对外直接投资统计公报》(2003～2015)。

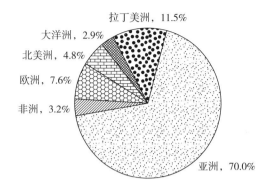

图 3 - 2　2015 年末中国对外直接投资存量洲际构成比

资料来源：笔者根据《中国对外直接投资统计公报》（2015）相关数据计算得到。

2003～2015 年中国在非洲地区的投资比例相对比较稳定，而在欧洲、北美洲和大洋洲三地区的投资比例呈现逐年上升的趋势，三地区的对外直接投资流量和存量占比分别从 2003 年的 5.3% 和 1.6% 、2.0% 和 1.7% 、1.1% 和 1.4% 提高到 2014 年的 8.8% 和 7.9% 、7.5% 和 5.4% 、3.5% 和 2.9%。2015 年，中国对这三地区的对外直接投资流量和存量均有所下降，分别达到 4.9% 和 7.6% 、7.4% 和 4.8% 、2.7% 和 2.9%。

2015 年末，中国境内投资者在全球 188 个国家（地区）共设立了对外直接投资企业 3.08 万家，较上年末增加超过 1100 家，遍布全球近 80% 的国家和地区。其中，亚洲的境外企业覆盖率与上年持平，高达 97.9%，欧洲为 87.8%，非洲为 85%，北美洲为 75%，拉丁美洲为 67.3%，大洋洲为 50%（见表 3 - 7）。

表 3 - 7　2015 年末中国对外直接投资企业在各洲分布情况　　单位：个

洲别	2014 年末国家（地区）总数	中国境外企业覆盖的国家（地区）数量	投资覆盖率（%）
亚洲	48	46	97.9
欧洲	49	43	87.8

洲别	2014年末国家（地区）总数	中国境外企业覆盖的国家（地区）数量	投资覆盖率（%）
非洲	60	51	85.0
北美洲	4	3	75.0
拉丁美洲	49	33	67.3
大洋洲	24	12	50.0
合计	234	188	80.3

注：①覆盖率为中国境外企业覆盖国家数量与国家地区总数的比率；②亚洲国家地区总量包括中国，覆盖率计算基数未包括。

资料来源：笔者根据《中国对外直接投资统计公报》（2015）相关数据整理得到。

　　如表3-8所示，2015年末中国企业在亚洲设立的境外企业数量为17108家，占比达55.5%，从地区分布来看，主要分布在新加坡、中国香港等国家和地区。其中，中国香港地区是中国设立境外企业数量最多、投资最活跃的地区。中国企业在北美洲设立的境外投资企业超过了4000家，占比达14.4%，从地区分布来看，中国在北美洲设立的境外投资企业主要分布在美国、加拿大等国家和地区。其中，中国企业在美国设立的境外投资企业数量仅次于中国香港地区。中国企业在欧洲设立的境外投资企业为3500家，占11.5%，中国企业在欧洲设立的境外投资企业主要分布在俄罗斯、德国、英国、荷兰等国家和地区。中国企业在非洲、拉丁美洲和大洋洲分布设立的境外投资企业分别占中国境外投资企业的9.6%、5.7%和3.3%。其中，中国企业在非洲设立的境外投资企业主要分布在尼日利亚、赞比亚、南非等国家和地区；在拉丁美洲设立的境外投资企业主要分布在英属维尔京群岛、开曼群岛、巴西、墨西哥、阿根廷等；而在大洋洲设立的境外投资企业则主要分布在澳大利亚、新西兰、斐济等。

表3-8 2015年末中国对发达经济体直接投资存量情况

经济体	存量总额（亿美元）	所占比重（%）
欧盟	644.60	41.9
美国	408.02	26.6
澳大利亚	283.74	18.4
加拿大	85.16	5.5
挪威	34.71	2.3
日本	30.38	2.0
百慕大	28.61	1.9
新西兰	12.09	0.8
瑞士	6.04	0.4
以色列	3.17	0.2
合计	1536.52	100.0

注：发达经济体划分标准同联合国贸发会议《世界投资报告》。

资料来源：笔者根据《中国对外直接投资统计公报》（2015）相关数据整理、计算得到。

如表3-9和表3-10所示，2015年末，中国在发达经济体的投资存量为1536.52亿美元，占14%。其中，对欧盟直接投资644.6亿美元，占在发达经济体投资存量的41.9%；对美国投资总量为408.02亿美元，占26.6%；对澳大利亚投资总量为283.74亿美元，占18.4%。2015年，中国对欧盟、美国、澳大利亚等发达国家的投资总量均达到了历史最高值，表明目前发达国家已成为众多中国企业对外直接投资的首选投资目的地。

2015年底，中国对发展中经济体的投资存量为9208.87亿美元，占83.9%，其中对中国香港地区投资总量为6568.55亿美元，占发展中经济体投资存量的71.3%；对东盟投资总量为627.16亿美元，占6.8%。2015年末，中国对转型经济体的投资存量为233.21亿美元，占投资存量总额的2.1%；其中对俄罗斯的投资存量为140.2亿美元，占转型经济体投资总量的60.1%；对哈萨克斯坦投资存量为50.95亿美元，占21.8%；吉尔吉斯斯坦

10.71 亿美元,占 4.6%;塔吉克斯坦 9.09 亿美元,占 3.9%;土库曼斯坦
1.33 亿美元,占 0.6%。然而,中国对土库曼斯坦、格鲁吉亚、白俄罗斯、
塔吉克斯坦、乌兹别克斯坦的投资则实现了较快增长。2015 年末中国对外直
接投资存量的 80% 以上(83.9%)分布在发展中经济体,在发达经济体的存
量占比为 14%,另有 2.1% 对外直接投资存量则分布在转型经济体。

表 3 – 9 2015 年中国对不同经济体直接投资存量构成

单位:亿美元,%

经济体	金额	比重
发达经济体	1536.52	14
发展中经济体	9208.87	83.9
转型经济体①	233.21	2.1
合计	10978.6	100.0

注:经济体划分标准同联合国贸发会议《世界投资报告》。

资料来源:笔者根据《中国对外直接投资统计公报》(2015)相关数据整理、计算得到。

表 3 – 10 2015 年末中国境外企业各洲分布情况

洲别	境外企业数量(家)	比重(%)
亚洲	17108	55.5
北美洲	4433	14.4
欧洲	3548	11.5
非洲	2949	9.6
拉丁美洲	1769	5.7
大洋洲	1007	3.3
合计	30814	100.0

资料来源:笔者根据《中国对外直接投资统计公报》(2015)相关数据整理、计算得到。

---

① 转型经济体包括:东南欧、独联体和格鲁吉亚。东南欧包括:阿尔巴尼亚、波斯尼亚和黑塞
哥维那、塞尔维亚、黑山、北马其顿;独联体包括:亚美尼亚、阿塞拜疆、白俄罗斯、吉尔吉斯斯
坦、摩尔多瓦、俄罗斯、乌克兰、塔吉克斯坦、哈萨克斯坦、土库曼斯坦、乌兹别克斯坦。

3.1.5 中国对外直接投资的主体结构特征分析

如表 3 - 11 所示，2015 年底，中国对外直接投资企业数量达到 2.02 万家，从国内投资者的登记注册情况看，有限责任公司所占比重达 67.4%，与 2014 年相比提高了两个百分点，是目前中国对外直接投资中最为活跃、占比最大的团体；私营企业、国有企业、股份有限公司、股份合作企业、外商投资企业等的占比分别达到了 9.3%、5.8%、7.7%、2.3% 和 2.8%。2015 年末，在非金融类对外直接投资 9382 亿美元存量中，国有企业占 50.4%；非国有企业占 49.6%，较上年增加 3.2 个百分点，其中有限责任公司、股份有限公司、私营企业和股份合作企业的占比分别达到了 32.2%、8.7%、2.1% 和 1.7%。

表 3 - 11　2015 年末境内投资者按登记注册类型分类情况

工商登记注册分类	数目（家）	所占比重（%）
有限责任公司	13612	67.4
私营企业	1879	9.3
股份有限公司	1559	7.7
国有企业	1165	5.8
外商投资企业	562	2.8
股份合作企业	458	2.3
港、澳、台商投资企业	385	1.9
个体经营	186	0.9
集体企业	88	0.4
其他	312	1.5
合计	20207	100.0

资料来源：笔者根据《中国对外直接投资统计公报》（2015）相关数据整理、计算得到。

表 3 - 12　2006～2015 年中国对外直接投资中国有

企业和非国有企业存量占比情况　　　　单位:%

年份	国有企业占比	非国有企业占比
2006	81	19
2007	71	29
2008	69.6	30.4
2009	69.2	30.8
2010	66.2	33.8
2011	62.7	37.3
2012	59.8	40.2
2013	55.2	44.8
2014	53.6	46.4
2015	50.4	39.6

资料来源：笔者根据《中国对外直接投资统计公报》(2006～2015) 相关数据整理、计算得到。

表 3 - 12 中的数据表明，到目前为止，虽然中国对外直接投资的主体仍然是国有企业，而股份有限公司及私营企业等非国有经济主体所占份额非常小，但是这种局面开始往多元化方向发展，非国有经济主体的对外直接投资活动日益活跃，在一定程度上增强了我国对外直接投资的动力与活力。

3.2　中国碳排放的发展现状

3.2.1　全国层面分析

图 3 - 3 显示了 1995～2014 年中国与美国、日本、德国等发达国家碳排放总量变化趋势。从图中可以看出，中国碳排放总量增幅明显，从 1995 年的

28.87 亿吨增长至 2014 年的 90.86 亿吨，增幅达到了 3 倍多。美国和日本的碳排放总量增幅相对较小，研究期内美国的碳排放总量由 50.73 亿吨增长至 51.76 亿吨，增幅仅有 2%；日本的碳排放总量则由 11.07 亿吨增长至 11.88 亿吨，增幅只有 7.3%；而研究期内德国的碳排放总量却呈现出下降的态势，由 8.56 亿吨下降至 7.23 亿吨。尤其是 2007 年后中国碳排放总量的增速非常明显，而其他三国的碳排放量基本处于持平或者下降的状态。究其原因在于 2007 年爆发的国际金融危机使美、日、德三国国内经济受到重创，中国国内经济规模却呈现迅速扩张之势，进而使中国碳排放量迅猛增长。这些数据表明，从整体来看，研究期内各国碳排放的规模和增速与各国经济总量规模变化一致。尤其是对于中国来说，显然研究期内的经济增长是中国碳排放增加的主要驱动力之一。特别是 2001 年中国"入世"以来，随着中国"走出去"战略的加快实施和不断推进以及中国对外开放程度的迅速提高，与之相伴随的却是中国国内碳排放规模的迅猛增长，这也充分证实了本书考察中国对外直接投资对母国国内碳排放影响的必要性。

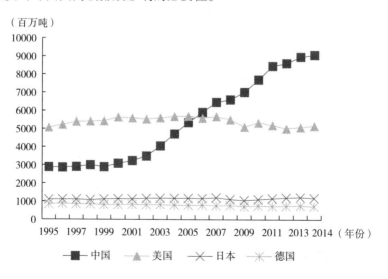

图 3 - 3　1995～2014 年中国、美国、日本、德国碳排放总量变化趋势

资料来源：笔者根据国际能源署 IEA 报告 $CO_2 Highlights$ 2016 相关数据整理得到。

中国、巴西、俄罗斯、印度和南非作为金砖国家都是重要的发展中国家和新兴市场国家，在经济增长方式、经济增长速度、社会经济发展等方面都有很多相似之处，因此有必要把中国的碳排放和其他金砖四国进行比较。如图3-4所示，研究期内，中国、印度、南非和巴西四国碳排放总量的增幅虽不同，但均呈现出稳步增长的态势。20年间，中国碳排放总量由28.87亿吨增长至90.86亿吨，增幅达到了3倍多；印度碳排放总量则由7.07亿吨增长至20.2亿吨，增幅近3倍；南非碳排放总量由2.6亿吨增长至4.37亿吨，增幅达1.65倍；巴西碳排放总量则由2.28亿吨增长至4.76亿吨，增幅达2倍多；俄罗斯的碳排放量则呈现出降—升—降的变化趋势，由1995年的15.48亿吨下降至1998年的14.06亿吨，然后上升至2011年的16.04亿吨，最后下降至2014年的14.67亿吨。

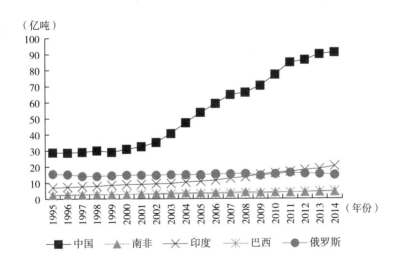

图3-4　1995~2014年金砖五国碳排放总量变化趋势

资料来源：笔者根据国际能源署 IEA 报告 *CO₂ Highlights* 2016 相关数据整理得到。

表3-13显示了1995~2014年中国与世界上其他主要国家碳排放强度的国际比较。表中数据显示，该时期内除巴西外，其他所有国家的碳排放强度

均呈逐渐下降的趋势。其中，降幅最大的是中国，由1995年的0.96千克/美元降至2014年的0.54千克/美元，说明研究期内中国在转变经济增长方式、节能减排等方面做出了很大努力。然而，从碳排放强度的绝对水平来看，目前中国仍是金砖国家中碳排放强度最高的国家。以2014年为例，中国的碳排放强度是美国的1.68倍、日本的2倍、德国的2.57倍、印度的1.86倍、巴西的3.37倍、俄罗斯的1.17倍，只比南非的0.66千克/美元低一些；这些数据表明虽然中国正积极推进经济增长的转变，但是主要以较高的能源投入和能源消耗来实现快速经济增长的旧模式很难快速得到转变，同时也表明，现阶段中国继续转变"集约型"经济增长方式，继续推进"节能减排"政策的必要性和迫切性。

表3-13　1995～2014年中国与其他国家碳排放强度的国际比较

单位：千克碳/2005年不变价美元

年份	中国	美国	日本	德国	印度	巴西	南非	俄罗斯
1995	0.96	0.49	0.29	0.32	0.37	0.13	0.70	0.92
1996	0.87	0.49	0.28	0.33	0.36	0.14	0.69	0.94
1997	0.80	0.48	0.28	0.31	0.36	0.14	0.71	0.86
1998	0.77	0.46	0.28	0.30	0.34	0.15	0.73	0.90
1999	0.69	0.45	0.29	0.28	0.34	0.15	0.67	0.87
2000	0.68	0.44	0.29	0.27	0.34	0.15	0.66	0.81
2001	0.66	0.44	0.28	0.28	0.33	0.15	0.72	0.77
2002	0.65	0.42	0.29	0.27	0.33	0.15	0.72	0.73
2003	0.69	0.42	0.27	0.27	0.31	0.14	0.74	0.69
2004	0.73	0.41	0.27	0.27	0.31	0.14	0.77	0.64
2005	0.74	0.40	0.28	0.26	0.30	0.14	0.72	0.60
2006	0.72	0.38	0.27	0.25	0.29	0.13	0.69	0.58
2007	0.69	0.38	0.27	0.23	0.29	0.13	0.68	0.53
2008	0.65	0.37	0.26	0.23	0.30	0.13	0.71	0.51
2009	0.63	0.35	0.26	0.23	0.31	0.12	0.68	0.51

年份	中国	美国	日本	德国	印度	巴西	南非	俄罗斯
2010	0.62	0.36	0.26	0.23	0.30	0.13	0.68	0.52
2011	0.63	0.34	0.27	0.22	0.29	0.13	0.64	0.53
2012	0.59	0.32	0.28	0.22	0.30	0.14	0.64	0.49
2013	0.57	0.32	0.28	0.23	0.30	0.15	0.65	0.48
2014	0.54	0.32	0.27	0.21	0.29	0.16	0.66	0.46

资料来源：笔者根据国际能源署 IEA 报告 *CO$_2$ Highlights* 2016 相关数据整理得到。

表 3 – 14 描述了 1995 ~ 2014 年中国与其他国家人均碳排放的国际比较。表中数据显示，1995 ~ 2014 年，中国人均碳排放量增速非常之快，由 1995 年的 2.4 吨/人增长至 2014 年的 6.66 吨/人；在其他金砖国家中，南非、印度、巴西的人均碳排放也呈增长态势，分别由 1995 年的 6.64 吨/人、0.74 吨/人和 1.40 吨/人增长至 2014 年的 8.10 吨/人、1.56 吨/人和 2.31 吨/人，显然增幅最大的是印度，增长了 110.8%；增幅最小的是南非，增长了 22%；俄罗斯的人均碳排放量在研究期内虽有所波动，但基本呈下降的趋势，由 1995 年的 10.43 吨/人下降至 2014 年的 10.2 吨/人，下降了 2.2%。从人均碳排放的绝对水平来看，中国的人均碳排放水平远远低于发达国家，却高于其他金砖国家（南非、俄罗斯除外）。以 2014 年为例，美国人均碳排放是中国的 2.44 倍，日本人均碳排放是中国的 1.4 倍，德国人均碳排放是中国的 1.34 倍；与金砖国家相比，中国人均碳排放分别是印度和巴西的 4.27 倍和 2.88 倍，南非和俄罗斯的人均碳排放却是中国的 1.22 倍和 1.53 倍。

表 3 – 14　1995 ~ 2014 年中国与其他国家人均碳排放的国际比较

单位：吨/人

年份	中国	美国	日本	德国	印度	巴西	南非	俄罗斯
1995	2.40	19.03	8.83	10.54	0.74	1.40	6.64	10.43

年份	中国	美国	日本	德国	印度	巴西	南非	俄罗斯
1996	2.36	19.39	8.91	10.89	0.76	1.49	6.74	10.27
1997	2.36	19.77	8.85	10.49	0.78	1.57	6.94	9.56
1998	2.42	19.61	8.59	10.40	0.78	1.59	6.97	9.52
1999	2.31	19.47	8.90	10.01	0.83	1.62	6.39	9.80
2000	2.44	19.98	9.00	9.97	0.85	1.66	6.38	10.06
2001	2.55	19.65	8.90	10.20	0.84	1.68	7.05	10.10
2002	2.73	19.22	9.17	10.03	0.86	1.65	7.18	10.09
2003	3.15	19.30	9.21	10.07	0.86	1.59	7.55	10.33
2004	3.65	19.39	9.18	9.88	0.91	1.66	8.03	10.33
2005	4.11	19.26	9.22	9.67	0.94	1.65	7.86	10.32
2006	4.51	18.75	9.09	9.85	0.99	1.65	7.79	10.75
2007	4.91	18.85	9.43	9.47	1.07	1.71	8.04	10.74
2008	4.99	18.10	8.75	9.60	1.12	1.79	8.58	10.88
2009	5.28	16.66	8.28	8.95	1.25	1.65	7.98	10.09
2010	5.76	17.26	8.68	9.45	1.30	1.87	8.01	10.70
2011	6.30	16.69	9.12	9.11	1.34	1.94	7.65	11.22
2012	6.38	16.00	9.48	9.26	1.42	2.09	7.79	10.83
2013	6.62	16.11	9.66	9.47	1.45	2.21	7.96	10.69
2014	6.66	16.22	9.35	8.93	1.56	2.31	8.10	10.20

资料来源：笔者根据国际能源署 IEA 报告 *CO₂ Highlights* 2016 相关数据整理得到。

3.2.2 地区层面分析

图 3－5 显示了 2000～2013 年我国东、中、西部地区碳排放总量变化趋势。从图中数据可知，研究期内东、中、西部地区的碳排放总量均呈持续快速增长的趋势，西部地区的增速最快，西部次之，东部地区的增速最慢。从绝对量来看，我国三大地区的碳排放总量呈现出明显的阶梯式分布特征，其中，东部地区的碳排放量最大，中部地区次之，西部地区的碳排放量则最低，

而且三地区间碳排放总量的差距正在明显逐渐缩小,这与我国逐步推进东、中、西部地区均衡发展及中西部地区对外开放水平的提高不无关系。

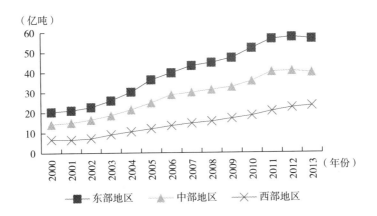

图3-5 2000~2013年我国东、中、西部地区碳排放总量变化趋势

资料来源:笔者根据历年《中国能源统计年鉴》相关数据整理得到。

图3-6显示了2000~2013年我国东、中、西部三大地区碳排放总量占比变化趋势。图中数据表明,目前我国三大地区的碳排放占比呈现出东、中、西部依次递减的变化特征。从分地区情况看,东部地区占比呈现出平稳中逐渐下降的变化趋势,且占比比值基本维持在50%以下;中部地区碳排放占比变化幅度较小,由2000年的34.5%下降到2013年的33.3%;西部地区的碳排放占比则称稳步上升的趋势,由2000年的16.2%上升至2013年的19.4%。

图3-7反映了2000~2013年我国东、中、西部地区人均碳排放变化趋势。整体来看,东、中、西部地区的人均碳排放量呈现不断上升之势,其增长速度存在些许差异。其中,东、中部地区人均碳排放量的增长速度相对比较平稳,但2012年后开始出现下降的势头。而西部地区的人均碳排放量增速最快,一方面与西部地区经济快速增长有关;另一方面则是由于西部地区能

源资源相对丰裕、人口规模相对较小有关。

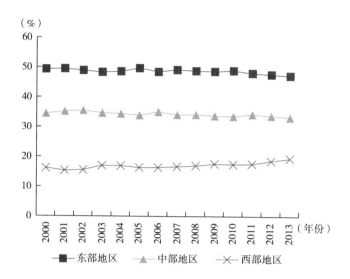

图 3 - 6 2000 ~ 2013 年我国东、中、西部地区碳排放总量占比变化趋势

资料来源：笔者根据历年《中国能源统计年鉴》相关数据整理得到。

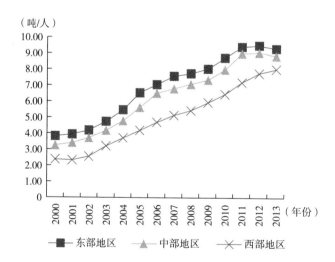

图 3 - 7 2000 ~ 2013 年我国东、中、西部地区人均碳排放变化趋势

资料来源：笔者根据历年《中国能源统计年鉴》相关数据整理得到。

图 3 – 8 显示了 2000～2013 年我国东、中、西部地区碳排放强度的变化趋势。研究期内除了个别年份出现异常增加的情况外，我国三大区域的碳排放强度均呈现逐渐下降的趋势。这一变化趋势表明，研究期内中国经济正逐步向低碳化方向转变。其中，东部地区的碳排放强度从 2000 年的 3.53 万吨/亿元下降至 2013 年的 1.56 万吨/亿元，下降幅度达 54.7%；中部地区的碳排放强度在 2003 年以前有所波动，2003 年以后则出现大幅下降的态势，从 2003 年的 5.44 万吨/亿元下降至 2013 年的 2.33 万吨/亿元，下降幅度高达 57.2%；西部地区的碳排放强度则由 2000 年的 5.18 万吨/亿元下降至 2013 年的 2.18 万吨/亿元，下降幅度达到 52%。显然，研究期内三个地区的碳排放强度呈现出西、中、东部依次递减的格局。

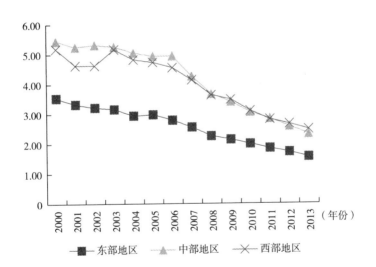

图 3 – 8　2000～2013 年东、中、西部地区碳排放强度的变化趋势

资料来源：笔者根据历年《中国能源统计年鉴》相关数据整理得到。

3.2.3　行业层面分析

表 3 – 15 显示了 2000～2013 年我国 37 个工业行业碳排放总量变化情况。

表中数据表明，研究期内，我国37个工业行业中仅有6个工业行业的碳排放量有所下降，剩余的31个工业行业的碳排放量均有所增加。其中，增幅最大的前五个行业分别是有色金属冶炼及压延加工业，黑色金属冶炼及压延加工业，煤炭开采和洗选业，石油加工、炼焦及核燃料加工业以及黑色金属矿采选业。从碳排放总量来看，2013年碳排放量最高的五个工业行业分别是电力、煤气及水的生产和供应业，电力、热力生产和供应业，石油加工、炼焦和核燃料加工业，黑色金属冶炼和压延加工业以及煤炭开采和洗选业。由此可以看出，未来中国经济必须经过产业结构调整和经济结构的转型升级从而走向低碳化发展方向。

表3-15 2000~2013年我国37个工业行业碳排放总量变化情况

单位：万吨

行业	2000	2005	2010	2011	2012	2013
煤炭开采和洗选业	17405.30	22700.79	47949.01	59163.63	78438.79	70832.98
石油和天然气开采业	12721.73	5762.71	5134.39	5126.66	4669.90	4627.78
黑色金属矿采选业	357.71	885.24	2142.39	1754.25	1561.20	1785.69
有色金属矿采选业	317.07	518.18	537.34	604.41	592.49	556.46
非金属矿采选业	1172.52	1543.80	2255.46	2161.80	2202.55	2240.59
农副食品加工业	3183.88	4683.58	6762.14	6737.67	6577.09	6403.94
食品制造业	1614.58	2571.86	3705.75	3637.98	3683.15	3864.36
酒、饮料和精制茶制造业	1495.41	2714.47	3126.73	3142.71	2898.16	3093.27
烟草制品业	412.41	296.02	184.99	239.20	147.64	136.50
纺织业	3467.86	6604.67	7358.52	6828.75	5954.72	5642.24
纺织服装、服饰业	385.46	721.69	898.30	794.52	794.81	705.95
皮革、毛皮、羽毛及其制品和制鞋业	236.01	380.23	461.79	398.83	448.41	405.93
木材加工和木、竹、藤、棕、草制品业	547.96	1145.28	1419.09	1388.90	1325.48	1246.72

续表

行业	2000	2005	2010	2011	2012	2013
家具制造业	119.72	108.02	243.19	217.63	198.41	182.75
造纸和纸制品业	3961.68	7482.49	10153.49	10565.45	10141.92	10221.53
印刷和记录媒介复制业	178.50	155.14	235.00	167.61	163.48	176.71
文教、工美、体育和娱乐用品制造业	96.36	126.53	165.63	115.96	261.80	278.75
石油加工、炼焦和核燃料加工业	66829.31	118938.37	187196.53	197543.29	212359.29	229391.41
化学原料和化学制品制造业	26067.63	47290.25	61561.04	68495.98	69856.52	70552.54
医药制造业	1243.82	1942.47	2547.01	2685.43	2714.52	2718.33
化学纤维制造业	4121.57	2598.13	1833.39	1985.84	2031.76	2165.35
橡胶和塑料制品业	1248.81	2088.06	2964.78	2631.23	2394.12	2381.57
非金属矿物制品业	21903.17	48517.33	61953.27	68011.59	65845.69	64938.83
黑色金属冶炼和压延加工业	47566.47	101649.83	154565.65	166163.88	174953.49	178454.05
有色金属冶炼和压延加工业	3880.11	7183.15	15421.64	16280.78	16227.95	19924.18
金属制品业	1112.49	1220.77	1626.41	1392.45	1853.44	1868.01
通用设备制造业	1584.96	2974.93	4406.79	5666.04	3537.92	3034.57
专用设备制造业	1111.80	1250.45	1871.77	1536.21	1202.19	1172.96
汽车制造业	1956.89	2133.79	2839.59	2753.94	1924.78	1899.92
电气机械和器材制造业	627.18	943.58	1525.87	1795.33	1593.13	1597.48
计算机、通信和其他电子设备制造业	352.01	584.38	737.29	503.59	626.84	452.00
仪器仪表制造业	124.82	141.73	165.60	118.93	131.16	127.73
其他制造业	796.57	791.11	1083.13	1190.68	1693.88	1636.17
电力、煤气及水的生产和供应业	113859.62	206866.56	288306.23	328035.00	347241.61	363668.63
电力、热力生产和供应业	111399.81	203928.37	285646.13	325824.94	345001.53	361712.76
燃气生产和供应业	2347.32	2859.06	2474.71	2091.12	2097.84	1831.64
水的生产和供应业	112.49	78.86	185.38	121.10	137.21	124.24

资料来源：笔者根据历年《中国能源统计年鉴》相关数据计算整理得到。

3.3 中国对外直接投资与碳排放的相关性分析

从图 3 –9 所描述的中国对外直接投资与碳排放的变化趋势可以看出，中国对外直接投资与国内二氧化碳排放量的增长趋势大致相似，尤其是 2005 年后，两者间的变化趋势具有高度的一致性。中国对外直接投资的快速增加却没有减轻母国国内碳排放量，究其原因在于：第一，中国对外直接投资的行业分布特征。2003 年至今，中国对外直接投资行业主要集中在采矿业、批发和零售业、租赁和商业服务业、制造业和金融业等。其中，2003 年中国采矿业的对外直接投资流量比重高达48.4％，几乎占据了中国对外直接投资流量的半壁江山。之后虽然处于下降趋势，但依然在 20％ 左右徘徊，到 2014 年仍然占有 13.44％ 的份额。批发和零售业自 2003 年以来所占比重波动幅度较大，从 2003 年的 12.6％ 提高到 2005 年的 18.44％，2006 年骤然下降到5.26％，2007 年又提高到24.92％，到了 2014 年这一比重达到 14.86％。显然，从投资行业来看，中国对外直接投资大多为资源寻求型和市场寻求型对外直接投资，而技术寻求型和效率寻求型对外直接投资的份额还很小。因此，随着中国对外直接投资水平的不断提高不仅没有减少国内碳排放，反而增加了国内碳排放。第二，中国对外直接投资的区位分布特征。从数据上来看，不论是中国对外直接投资的流量还是存量，2003 ~ 2014 年中国在亚洲地区的对外直接投资均占我国当年对外直接投资总量的一半以上。位于第二位的是拉丁美洲，虽然流量和存量占比波动较大，但基本上保持在 10％ 以上，而且中国在亚洲地区和拉丁美洲地区的直接投资量占到了中国对外直接投资总额的 80％ 以上。而在欧洲、北美洲和大洋洲三个地区的投资比例只占三个地区对外直接投资流量和存量占比的 8.8％ 和 7.9％、7.5％ 和 5.4％、3.5％ 和

2.9%。从区位分布特征可以看出，中国对外直接投资流向拥有先进技术水平尤其是碳减排技术的发达经济体的比重太低，因此，很难通过其逆向技术溢出效应降低国内碳排放量。

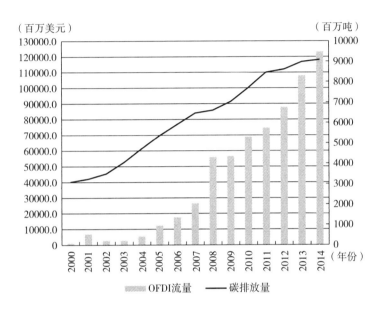

图3－9　中国对外直接投资与碳排放的变化趋势

资料来源：笔者根据历年《中国对外直接投资公报》和《中国能源统计年鉴》相关数据整理得到。

3.4　小结

本章主要从总量特征、地区差异、行业特征、区位分布特征和投资主体结构等角度分析了中国对外直接投资的发展现状。分析结果发现，从总量特征来看，虽然研究期内中国对外直接投资的流量和存量规模均出现了大幅度增长的情况，但是在世界投资中所占比重依然较低，说明中国对外直接投资的规模和世界上的投资大国相比依然存在很大的差距。从地区特征来看，中国对外直接投资呈现出东中西部地区阶梯式发展现状，地区差异特征非常显著，这种差异性特征为我国区域经济均衡发展及地区开放型经济体系的建设均提出了重要挑战。从行业特征来看，中国对外直接投资主要投向了采矿业、制造业、批发和零售业、金融业、房地产业以及租赁和商业服务业等传统行业，而投向高科技行业的投资比重却非常低。从区位分布特征来看，中国对外直接投资的区位分布虽向多元化方向发展，但研究期内仍高度集中于中国香港地区、英属维尔京群岛和开曼群岛等少数国家和地区。从投资主体结构来看，虽然中国对外直接投资的主体仍然是国有企业，而股份有限公司及私营企业等非国有经济主体所占份额非常小，但是这种局面开始往多元化方向发展，非国有经济主体的对外直接投资活动日益活跃，增强了我国对外直接投资的动力与活力。尤其是随着"一带一路"倡议的提出与推进，中国对"一带一路"沿线国家直接投资的规模正逐年增加。2014 年，中国对"一带一路"沿线国家的直接投资流量为 136.6 亿美元，占中国对外直接投资流量总额的 11.1%。截至 2015 年，中国对"一带一路"相关国家投资占当年流量总额的 13%，达 189.3 亿美元，同比增长 38.6%，是全球投资增幅的 2 倍。

另外，本书从全国层面、地区层面和工业行业层面三个方面对中国碳排放的发展现状进行了较为系统的分析。分析结果发现，中国碳排放总量在我国对外直接投资总额持续增加的同时也呈现出快速增长的态势，但同一时期单位产值的碳排放却呈现逐渐下降态势。从分区域角度来看，我国东、中、西部地区的碳排放强度分布和地区对外直接投资存量分布呈现反向关系。从工业行业角度来看，我国高碳排放强度、碳排放总量行业的进入水平整体不高。另外，对我国各地区、各工业行业碳排放变化的分析结果也表明，中国不同地区、不同行业碳排放的增加和减少主要受到该地区或该行业的发展水平、产业结构、资源禀赋等多重因素的显著影响,且各地区、各行业碳排放的变化存在较大差异。

4 基于联立方程模型的中国 OFDI 影响母国碳排放的实证研究

4.1 问题提出

全球碳计划（Global Carbon Project）公布的 2013 年度全球碳排放量数据显示，中国的人均碳排放量首次超过欧盟。从碳排放总量来看，中国的碳排放总量占全球碳排放总量的 29%，而美国、欧洲和印度则分别占 15%、10% 和 7.1%。因此，在全球低碳经济快速发展这一背景下，有必要分析和探索中国高排放量产生的深层次原因并提出合理的减排路径已成为当前中国政界和学术界共同关注和解决的重要议题之一。最初有关碳排放产生的原因，国内外学术界主要从经济增长、贸易开放、城市化发展以及产业结构调整等方面进行解释。然而，随着国际资本流动的迅速增长以及"污染避难所"假说的提出，学者们开始关注和研究国际资本流动对东道国碳排放的影响（He，2006；Jorgenson，2007；沙文兵、石涛，2006；于峰、齐建国，2007；陈晓峰，2011；李子豪、刘辉煌，2013 等）。由于上述研究仅仅考虑到对外直接投资对东道国国内碳排放的影响，而忽视了对外直接投资的母国碳排放效应。事实上，对外直接投资对母国碳排放效应的影响已经有文献进行证实（周力、庞辰晨，2013；许可、王瑛，2015；聂飞、刘海云，2016）。但是，这些研究文献并没有就对外直接投资影响母国碳排放的内在传导机制进行分析，因此，也就缺乏一定的理论基础和理论依据。鉴于此，本书以对外直接影响母国碳排放的理论模型和机制分析为基础，借鉴 Grossman 和 Krueger 的环境效应分解方法，结合 2005 ~ 2013 年中国省际面板数据，对中国对外直接投资的母国碳排放效应进行精准检验，以期为进一步推动中国对外直接投资健康发展和减轻国内碳排放提供有价值的理论依据和政策建议。

4.2　模型构建

上文中有关对外直接投资影响母国碳排放的机制分析表明，一国对外直接投资不会直接影响到母国碳排放，而是通过其经济增长效应、产业结构效应和逆向技术溢出效应对国内碳排放产生间接影响的。基于此，本书借鉴 Grossman 和 Krueger 分解 NAFTA（北美自由贸易区）的环境效应的方法，通过构建联立方程模型来研究中国对外直接投资与母国碳排放之间的关系。

中国对外直接投资影响母国碳排放的基本方程可设置为：

$$CO_2 = G \cdot S \cdot T \qquad (4-1)$$

其中，G 表示经济增长效应（Growth），S 表示产业结构效应（Structure），T 表示逆向技术溢出效应（Technology），对上述方程两边取自然对数，可得：

$$\ln CO_2 = \ln G + \ln S + \ln T \qquad (4-2)$$

为了进一步细化中国对外直接投资对母国碳排放的影响，需要把中国对外直接投资影响母国碳排放的三种效应考虑进来，因此，本书所构建的联立方程模型可设定为：

$$\ln CO_{2it} = \ln G_{it} + \ln S_{it} + \ln T_{it} \tag{4-3}$$

$$\ln G_{it} = \alpha_1 \ln OFDI_{it} + \alpha_2 \ln K_{it} + \alpha_3 \ln L_{it} + \alpha_4 \ln OPEN_{it} + \varepsilon_{it} \tag{4-4}$$

$$\ln S_{it} = \beta_1 \ln OFDI_{it} + \beta_2 \ln GDP_{it} + \beta_3 \ln FDI_{it} + \beta_4 \ln urban + \varphi_{it} \tag{4-5}$$

$$\ln T_{it} = \gamma_1 \ln OFDI_{it} + \gamma_2 \ln RD_{it} + \gamma_3 \ln HC_{it} + \gamma_4 \ln OFDI_{it} \times \ln RD_{it} + \omega_{it}$$

$$\tag{4-6}$$

式（4-3）表示中国对外直接投资影响母国碳排放的总效应；式（4-4）主要依据 Cobb-Douglas 生产函数，该函数表明一国经济增长主要受到资本和要素投入的影响。此外，贸易开放度也会对母国经济增长产生相应的影响。最后，本书特别关注了对外直接投资对国内经济增长的作用。式（4-5）依据对外直接投资对母国产业结构的影响，设定了产业结构决定方程。主要引入了经济增长、外商直接投资和城市化等变量。式（4-6）主要依据中国对外直接投资的逆向技术溢出效应设定了碳排放的技术决定方程，变量的选择则主要从投入要素的角度来进行分析，主要包括一国或一地区的研发经费（RD）投入和人力资本（Human Capital，HC）投入等。由于对外直接投资的逆向技术溢出效应通常存在较大的地区差异，且这种差异往往和该区域的吸收能力有关。基于此，本书拟采用含交互项的形式来解决此问题。

4.3 变量选择与数据来源

4.3.1 二氧化碳排放量（CO_2）

由于目前我国尚未研究出特定的碳排放系数，因此本书采用《2006 年

IPCC 国家温室气体清单指南》提供的估算方法并结合《中国能源统计年鉴》中的相关参数对我国二氧化碳排放量进行测算，其测算公式为：

$$CO_2 = \sum_{i=1}^{8} CO_2 = \sum_{i=1}^{8} E_i \times NCV_i \times CC_i \times COF_i \times 44/12 \qquad (4-7)$$

其中，i 表示选用煤炭、焦炭、原油、汽油、煤油、柴油、燃料油和天然气八种能源消费种类；E_i 表示第 i 种能源消耗量；NCV_i 表示第 i 种能源的净发热值；CC_i 表示第 i 种能源的含碳量；COF_i 表示第 i 种能源的碳氧化因子；44 和 12 分别为 CO_2 和碳的分子量。

4.3.2 对外直接投资（OFDI）

对于对外直接投资的衡量，有的学者选择了对外直接投资流量，有的学者则选择了对外直接投资存量。鉴于本书控制变量大多是具有流量特征的变量，因此，本书选取各省份对外直接投资的流量作为衡量中国对外直接投资规模的指标，且对外直接投资流量越大说明了该地区经济发展水平和发展程度越高，因此式（4-4）中变量 OFDI 和 G 二者之间拟为正相关关系。

Cantewell 和 Tolentino（1990）从动态化视角分析了发展中国家的对外直接投资行为，并提出了技术创新和产业结构升级理论。该理论指出，发展中国家的对外直接投资过程是一个"技术学习"的过程，通过对外直接投资逆向技术溢出通常会带来母国国内产业结构的优化和升级，这一理论也在多数学者的后续研究中得到了证实。王英和刘思峰（2008）的研究结果表明，中国对外直接投资增加了我国第二产业和第三产业的就业人数。这一研究结果反映出中国对外直接投资降低了国内第一产业的比重，却增加了我国第二、第三产业的比重。因此式（4-5）变量 OFDI 和 S 二者间拟成负相关关系。沙文兵（2012），仇怡、吴建军（2012），尹建华、周鑫悦（2014）等的研究结果证实了中国对外直接投资逆向技术溢出效应的存在性。对外直接投资的逆向技术溢出效应通常有利于提高母国国内管理水平和生产技术水平，在一定程度上可以提高母国企业降低能源消耗的水平。因此式（4－6）中变量 OFDI 和 T 二者之间拟为正相关关系。

4.3.3 控制变量

（1）经济规模（G）是影响碳排放的重要因素，由于中国不同区域间经济发展水平存在较大差异，本书选用以 2000 不变价格表示的各地区人均实际 GDP 来衡量。

（2）产业结构（S）选用产业结构层次系数表示，具体计算公式为：$S = 3q$（3）$+ 2q$（2）$+ q$（1），其中 q（1）、q（2）、q（3）分别表示各地区第一、第二、第三产业增加值占 GDP 比重。

（3）技术水平（T）。正如 Unctad（2005）所指出的，由于 OFDI 行为所引致的研发活动对于提升以专利申请数量来衡量的母国国内创新水平具有明显的促进作用。鉴于此，本书选用各地区专利授权数来衡量中国 OFDI 对国内技术水平的影响。

（4）劳动投入量（L）选用各地区年底从业人员数量表示。

（5）资本存量（K）参考张军等（2004）的研究结果，采用经典的永续盘存法进行计算，其计算公式为：$K_{it} = (1 - \delta_{it})K_{it-1} + I_{it}$，并假设按照 9.6% 的固定资本折旧率进行折旧，进而可以计算得到 2005～2013 年的资本存量数值。

（6）对外开放度（$OPEN_{it}$）用各地区历年进出口贸易总额与地区生产总值的比重表示。

（7）外商直接投资（FDI）用各地区人均外商直接投资额表示。

（8）城市化水平（$urban$）用各地区城镇人口占总人口比重表示。

（9）研发资本存量（RD）采用永续盘存法测算，计算公式为：

$$RD_{it} = (1 - \delta)S_{i(t-1)} + RE_{it}$$

其中，δ 选用 Coe 和 Helpman（1995）的研究结果，假定为 5%，RE_{it} 为第

i 个地区 t 时期的研发支出。

（10）人力资本投入（*HC*）用各省平均受教育年限表示，具体计算方法为：分别选取各地区小学、初中、高中和高等教育各个阶段的受教育年限（小学 6 年，初中 3 年、高中 3 年、高等教育 4 年）作为权重进行加权平均计算得到。

本书选择 2005～2013 年中国 30 个省、市、自治区（西藏除外）的相关数据作为样本数据，选用的数据主要来源于《中国统计年鉴》《中国能源统计年鉴》《中国对外直接投资公报》《中国科技统计年鉴》及各地区统计年鉴等。

4.4　实证结果分析

对联立方程模型进行估计时，若选择单一方程 OLS 估计方法容易忽略了不同方程的扰动项之间可能存在的相关性，为了使得估计结果一致且有效，本书选择三阶段最小二乘法（Three Stage Least Square，3SLS）系统估计法对上述模型中的方程（4－4）～方程（4－6）进行估计。同时，由于中国战略实施由东部沿海向内陆地区辐射的梯度发展模式，且由于东、中、西部地区的区位特征、经济发展水平、开放程度和技术创新能力存在明显差异，因此本书在全国样本分析基础上，将全样本分为东、中、西部地区三个子样本进行效应分解。

4.4.1　经济增长效应

经济增长效应的估计结果如表 4－1 所示。从全国层面来看，对外直接投资每增加 1%，中国经济总量将会提高 0.075%。这表明中国对外直接投资与国内经济增长之间存在显著的正相关关系。也就是说，随着中国对外直接投资规模的不断提升，将有助于促进我国经济增长，并进一步推动我国国民经济发展，此结论与前人研究结果是一致的。表4-1中的估计结果显示，从区域样本来看，东部地区OFDI对经济的拉动作用（0.0583）明显高于中、西部地区（0.0239和0.0124），说明中国OFDI对国内经济的拉动作用存在明显的区域差异特征。原因在于，我国东部地区的区位特征优势明显，对外开放程度高，技术创新能力强，使得该地区OFDI的资源配置效应、资本积累效应和技术引进效应均高于中、西部地区。控制变量资本存量、劳动投入量和贸易开放度的估计结果显示，其对经济增长的促进作用与现实情况相一致。

表4-1 经济增长效应的3SLS估计结果

变量	经济增长效应（lnG）			
	全国	东部	中部	西部
ln*OFDI*	0.0750 ***	0.0583 ***	0.0239 *	0.0124 ***
	(4.53)	(3.32)	(2.77)	(4.14)
ln*K*	0.3133 ***	0.2378 ***	0.0083 ***	0.3338 ***
	(7.69)	(3.87)	(3.07)	(4.01)
ln*L*	0.2124 ***	0.2230 ***	0.2114 ***	0.1854 ***
	(6.85)	(4.59)	(4.75)	(3.48)
ln*OPEN*	0.3666	0.3688 ***	0.0407 ***	0.2023
	(20.47)	(13.29)	(3.97)	(3.41)
constant	0.5354 **	0.1472 *	1.0920 *	0.7340
	(3.11)	(2.64)	(2.76)	(2.35)
chi2	654.97	305.81	131.57	123.48
P	0.0000	0.0000	0.0000	0.0001
R^2	0.7056	0.7349	0.3558	0.2467
RMSE	0.2508	0.2117	0.1569	0.2521
n	270	108	81	81

注：***、**、*分别表示在1%、5%和10%的显著性水平上显著，括号内的值为z值。
资料来源：笔者根据Stata软件估计结果整理得到。

4.4.2 产业结构效应

产业结构效应的估计结果如表 4 - 2 所示。从全国范围来看，中国对外直接投资很难促进国内产业结构优化（估计系数为 0.0062 且在 10% 的显著水平上显著），即很难促使国内产业结构由重工业向轻工业倾斜。从区域层面看，中国东部地区的对外直接投资对于促进本地区的产业结构优化作用比较显著，中、西部地区对外直接投资的产业结构优化效应则不显著。由此可以看出，中国对外直接投资通常是基于各个地区的比较优势因素来促使其产业结构逐渐由重工业向轻工业倾斜，进而来实现碳排放的减少。此外，本书认为，由于目前中国对外直接投资仍处于快速发展时期，由于投资资金、技术水平和人力资源等方面的制约，将会使中国对外直接投资流向长期局限于资源密集型行业和轻工业，这符合国际投资的一般发展规律，即由资源开发业逐渐到轻工业、到重工业，再到服务业。

表 4 - 2　产业结构效应的 3SLS 估计结果

变量	全国	东部	中部	西部
ln$OFDI$	0.0062 *	0.0083 **	0.0029	0.0063
	(2.76)	(2.90)	(0.61)	(2.30)
lnGDP	0.0382 *	0.1134 **	0.1471 ***	0.0300 ***
	(2.73)	(2.93)	(4.53)	(3.93)
lnFDI	0.0277 ***	0.0013 ***	0.0088 ***	0.0038 **
	(3.37)	(3.31)	(3.27)	(2.93)
lnurban	0.1447 ***	0.0294 ***	0.1699 ***	0.5611 *
	(4.14)	(3.46)	(6.42)	(2.60)
constant	4.0073 ***	5.2493 ***	4.8219 ***	5.2082 ***
	(8.05)	(20.67)	(51.38)	(65.10)
chi2	185.57	112.34	147.12	103.71
P	0.0000	0.0000	0.0000	0.0003

变量	全国	东部	中部	西部
R^2	0.3456	0.4073	0.5994	0.3810
RMSE	0.4533	0.05	0.2072	0.2053
n	270	108	81	81

注：***、**、*分别表示在1%、5%和10%的显著性水平上显著，括号内的值为z值。

资料来源：笔者根据 Stata 软件估计结果整理得到。

4.4.3 逆向技术溢出效应

逆向技术溢出效应的估计结果如表4-3所示。从全国范围来看，中国 OFDI 增加1%，使得以创新能力表示的逆向技术溢出效应提高0.1702%。中国对外直接投资的增加在一定程度上带回了东道国的先进技术水平，并通过其传播与扩散效应，增强了母国的吸收与研发能力，带动了母国的技术进步。从区域视角看，中国对外直接投资对母国国内技术水平的影响存在区域差异，其中，变量 lnOFDI 在东部和中部地区的估计参数显著为正，分别为0.2273和0.1880，在西部地区的估计参数不显著。究其原因在于：第一，西部地区对外直接投资水平低且其自主创新的实力相对较弱；第二，西部地区的对外直接投资可能更倾向于投资到技术水平相对落后的国家或产业中，进而导致其对外直接投资的逆向技术溢出效应不明显。同时发现，以交互项形式表示的区域吸收能力和变量 lnOFDI 的影响效果和方向相一致，说明中国对外直接投资的逆向技术溢出效应在很大程度上取决于该区域的自主吸收和研发水平。总体而言，中国对外直接投资在一定程度上是存在逆向技术溢出效应的，同时也伴随着显著的区域差异。

表4-3 逆向技术溢出效应的3SLS估计结果

变量	全国	东部	中部	西部
$\ln OFDI$	0.1702 *** (7.05)	0.2273 *** (7.01)	0.1880 *** (3.66)	0.0748 (0.93)
$\ln RD$	0.9458 *** (30.35)	0.2581 *** (3.32)	0.1535 *** (3.51)	0.0789 *** (3.53)
$\ln HC$	1.6113 *** (5.66)	2.6631 *** (8.17)	1.5025 ** (2.86)	0.4573 (0.77)
$\mathrm{Ln} OFDI \times$ $\ln RD$	0.0421 *** (5.76)	0.0591 *** (5.96)	0.1264 *** (4.48)	0.1442 * (0.66)
constant	6.0874 *** (11.72)	11.0667 *** (12.47)	11.5260 ** (2.97)	4.7038 *** (3.53)
chi2	3413.83	2261.18	862.92	599.9
P	0.0000	0.0000	0.0000	0.0000
R^2	0.9262	0.9540	0.9126	0.8819
RMSE	0.4242	0.3360	0.2845	0.4820
n	270	108	81	81

注: *** 、** 、* 分别表示在1%、5%和10%的显著性水平上显著，括号内的值为z值。

资料来源：笔者根据Stata软件估计结果整理得到。

4.4.4 总效应分析

上文仅仅分析了中国对外直接投资的规模效应、结构效应和逆向技术溢出效应，为了进一步分析中国对外直接投资通过上述三种效应对母国碳排放带来的影响，接下来需要估计的是中国对外直接投资对碳排放变化带来的总效应，如表4-4所示。

表4-4 全国及分区域样本下中国对外直接投资影响母国碳排放的总效应

区域	碳排放总效应	经济增长总效应	产业结构总效应	逆向技术溢出总效应
全国	0.2543	0.0750	0.0091	0.1702
东部地区	0.3005	0.0583	0.0149	0.2273
中部地区	0.2183	0.0239	0.0064	0.1880
西部地区	0.0939	0.0124	0.0067	0.0748

注：笔者根据上述估计结果整理得到。

表4-4的估计结果表明：无论是在全国层面还是在分区域层面，中国对外直接投资的经济增长效应、产业结构效应和逆向技术溢出效应均为正值，且逆向技术溢出效应的作用效果要大于经济增长和产业结构两种效应。上述实证研究结果表明，中国对外直接投资每增加1%，中国的经济总量将增加0.075%，产业结构优化水平则提高0.0091%，技术水平提高0.1702%，三种效应综合起来得出中国对外直接投资影响母国碳排放量的总效应显著为正。也就是说，中国对外直接投资每增加1%，母国国内的碳排放量将会提高0.2543%，随着中国对外直接投资规模的不断扩大，中国国内的碳排放量不但没有减少反而增加了。这一估计结果表明，"污染避难所假说"并不适用于中国。原因在于：首先，中国对外直接投资所带来的逆向技术溢出总效应超过了经济增长总效应和产业结构总效应，但是却没有通过这种正向影响减少国内碳排放。这是由于中国企业通过对外直接投资所学习和掌握到的国外技术主要为先进的生产技术，主要用于提高企业的生产率，而对于减少碳排放和节能减排的技术类型还相对较少，这就会使中国对外直接投资通过其逆向技术溢出效应所引致的节能减排效应相对最弱。其次，虽然近年来我国制造业和采矿业等高耗能产业的对外投资规模在逐渐增加，但是其在中国对外直接投资总量中占比仍然较小，且中国对外直接投资的主体部分主要流向了租赁和商务服务业。显然，中国对外直接投资通过国内产业结构，一方面增加了我国第二产业比重，进而增加了国内碳排放；另一方面也表明中国对外

直接投资并没有将国内高能耗产业转移至东道国。

4.5 小结

本书运用 2005～2013 年中国省际面板数据，在对中国 OFDI 影响国内碳排放的机理进行详细分析的基础上，通过构建联立方程模型，对中国 OFDI 影响国内碳排放的经济增长效应、产业结构效应和逆向技术溢出效应进行实证研究，研究结果表明：无论是在全国层面还是在分区域层面，中国对外直接投资的经济增长效应、产业结构效应和逆向技术溢出效应均为正值，且逆向技术溢出效应的作用效果要大于经济增长和产业结构两种效应。上文实证研究结果表明，中国对外直接投资每增加 1%，中国的经济总量将增加 0.075%，产业结构优化水平提高 0.0091%，技术水平提高 0.1702%，三种效应综合起来得出中国对外直接投资影响母国碳排放量的总效应显著为正。也就是说，中国对外直接投资每增加 1%，母国国内的碳排放量将会提高 0.2543%，随着中国对外直接投资规模的不断扩大，中国国内的碳排放量不但没有减少反而增加了。这一估计结果表明，"污染避难所假说"并不适用于中国。此外，考虑到对外直接投资影响母国碳排放的三种效应机制存在显著的地区差异，因此，我国不同地区应实施差异化的投资发展战略。

5 基于投资动机视角的中国 OFDI 影响母国碳排放的实证研究

5.1 问题提出

碳排放绩效是环境技术的重要体现（李子豪、刘辉煌，2012），中国对外直接投资可通过产业内或产业间的多种逆向技术溢出渠道对母国环境产生影响。因此本书从中国对外直接投资逆向技术溢出的角度对中国省级碳排放绩效的影响及区域差异进行研究。

有关中国 OFDI 逆向技术溢出效应的研究主要源于 Coe 和 Helpman（1995）构建的 CH 模型，该模型选取 TFP 作为测度一国技术进步的衡量指标，运用 OECD 国家面板数据进行实证分析的研究结果认为，国际贸易的技术溢出效应确实能促进进口国的技术进步。Lichtenberg 和 Potterie（2001）在 CH 模型的基础上构建了 LP 模型，研究结果表明除了国际贸易，国际直接投资包括 FDI 和 OFDI，这也是国际技术溢出的重要渠道，尤其是对技术密集型国家的 OFDI 对母国的技术进步和生产率具有较高的推动作用。李梅、金照林（2011）的研究表明，对外直接投资对我国的逆向技术溢出存在明显的区域差异，对外直接投资对我国东中部地区 TFP 增长的促进作用较显著，而对西部地区全要素生产率增长的影响则不显著。沙文兵（2012）的研究结果认为，中国对外直接投资的逆向技术溢出效应给国内创新水平带来的提升效应主要是通过专利授权的途径来产生影响的。王恕立、向姣姣（2014）则认为，中国 OFDI 的逆向技术溢出效应主要源于对发达经济体的技术寻求型OFDI。符磊（2015）的实证研究结果证实中国对外直接投资的逆向技术溢出效应总体是显著的，且逆向技术溢出实现水平存在"东高西低"的地区差异。

　　本书尝试研究由于东道国资源禀赋和经济发展水平迥异所引起的不同投资动机下中国 OFDI 逆向技术溢出效应的差异，是否会通过特定的传导机制影响中国各地区的碳排放？基于此，本书选用 2005～2013 年中国 30 个省际和 18 个国别面板数据，主要研究了技术寻求型、市场寻求型和资源寻求型三种动机下的中国 OFDI 逆向技术溢出对全国及各地区碳排放的影响及区域差异。

5.2　模型的构建与设定

　　基于上述影响机制分析，借鉴 Coe 和 Helpman（1995）、Albornoz（2009）的研究思路，本书从不同投资动机视角，研究中国对外直接投资逆向技术溢出对碳排放绩效的影响及区域差异，构建的回归方程如下：

$$MCP_{it} = \beta_0 + \beta_1 \ln OFDI_{it}^{re} + \beta_2 \ln X_{it} + \nu_i + u_t + \varepsilon_{it} \qquad (5-1)$$

　　其中，i、t 分别表示省际区域和时期；MCP_{it}（Malmquist Carbon Performance）表示 t 时期 i 地区的碳排放绩效；$OFDI_{it}^{re}$ 表示 t 时期 i 地区 OFDI 的逆向

技术溢出额，市场寻求型、资源寻求型和技术寻求型三种投资动机下的 $OFDI$ 逆向技术溢出额则分别用 $marOFDI_{it}^{re}$、$resOFDI_{it}^{re}$ 和 $tecOFDI_{it}^{re}$ 表示；X_{it} 表示 t 时期影响 i 地区碳排放绩效的其他控制变量；ν_i、u_t 分别表示个体、时间固定效应，ε_{it} 表示随机扰动项。

5.3　变量选择与数据来源

5.3.1　变量选择

5.3.1.1　Malmquist 碳排放绩效指数（MCP_{it}）

本书运用 DEAP 软件，从投入产出的角度，通过测度全国各省份的 Malmquist 碳排放绩效指数作为碳排放绩效指标。具体测度方法为：借鉴 Zhou 等（2010）的研究思路，把 GDP 看作期望产出，碳排放则为非期望产出。从而可以计算出综合考虑利用环境生产技术构造出的一种可考察动态变化的 Malmquist 二氧化碳排放绩效指数。在测算过程中，选用各地区年底从业人员数量表示劳动投入量（L），单位为万人；资本存量（K）参考张军等（2004）的研究结果，采用经典的永续盘存法进行计算，其计算公式为：$K_{it} = (1 - \delta_{it})K_{it-1} + I_{it}$，并假设按照 9.6% 的固定资本折旧率进行折旧，进而可以计算得到 2005~2013 年的资本存量数值，单位为亿元。能源消费量（E）则按照各种能源标准煤系数将采用各地区消耗的各类能源统一换算为标准煤，单位为万吨。产出总量（Y）用省、市、自治区的实际 GDP 表示，为消除通货膨胀因素的影响选用 2000 年为基期的 GDP 平减指数对 GDP 进行平减，单位为亿元。碳排放量（C）按以下因素分解式进行估算：

$$C = \sum S_j \times F_j \times E_i$$

其中，E_i 为第 i 个地区的能源消费总量，F_j 为 j 类能源的碳排放强度①，S_j 为 j 类能源在总能源中所占的比重。

5.3.1.2 对外直接投资逆向技术溢出额（ $OFDI_{it}^{re}$ ）

本书借鉴王恕立、向姣姣的计算方法，先计算出 t 时期中国 OFDI 的逆向技术溢出额：

$$OFDI_t^{re} = \sum_j \frac{OFDI_{jt}}{Y_{jt}} S_{jt}^d$$

其中，$OFDI_{jt}$ 表示 t 时期中国对 j 东道国或地区的 OFDI 存量，Y_{jt} 表示 t 时期东道国 j 国或地区的国内生产总值，S_{jt}^d 表示 t 时期东道国 j 国或地区的 R&D 资本存量。

考虑到中国各省份的地区差异性，各省份通过对外直接投资获得的国外研发资本存量可根据各省份 OFDI 在全国 OFDI 总额中所占比重计算得出的。计算方法为：

$$OFDI_{it}^{re} = OFDI_t^{re} \times \frac{OFDI_{it}}{\sum_i OFDI_{it}}$$

其中，$OFDI_{it}$ 表示 i 省份 t 时期的非金融类 OFDI 存量。

5.3.1.3 控制变量（ X_{it} ）

经济总量（ GDP_{it} ）是影响碳排放的重要因素，同时考虑到中国东、中、西部地区在经济发展水平等方面存在明显差异，本书选择使用历年的实际地区生产总值来衡量各个省际区域的经济总量；产业结构（ STR_{it} ）则和其他大多数学者一样，选用各个省际区域的第二产业增加值占各地区生产总值的比重来表示；人口规模（ POP_{it} ）选用各地区年末常住人口数量；对外开放度（ $OPEN_{it}$ ）用各地区历年进出口贸易总额与地区生产总

---

① 取值为美国能源部、日本能源经济研究所、国家科委气候变化项目、国家发改委能源研究所公布的各类能源碳排放系数的平均值。

值的比重表示。研发资本存量（S_{it}）采用永续盘存法测算，计算公式为：

$$S_{it} = (1 - \delta)S_{i(t-1)} + RE_{it}$$

其中，S_{it} 表示第 i 个地区当年的研发资本存量，δ 采用 C. P（1995）的做法，假定为 5%，RE_{it} 为第 i 个地区 t 时期的研发支出。

5.3.2 数据来源

考虑到中国对外直接投资的主要去向以及数据的可获得性，本书选择 2005～2013 年中国 30 个省际区域（西藏除外）和 18 个国别数据[①]。文中使用的数据主要来自世界银行 WDI 数据库、《中国科技统计年鉴》、《中国统计年鉴》、《2013 中国对外直接投资公报》和《中国能源统计年鉴》。为增强数据的平稳性和减少异方差性，在模型中对 OFDI 逆向技术溢出额和控制变量均取对数处理。文中使用的主要变量及其描述性统计见表 5－1。

表 5－1　主要变量及其描述性统计

变量	指标	样本量	均值	标准差	最小值	最大值
MCP_{it}	碳排放绩效	270	0.72	0.242	0.13	1.78
$OFDI_{it}^{re}$	OFDI 逆向技术溢出额（亿元）	270	5627.04	8762.16	19.84	54913.44
GDP_{it}	实际 GDP（亿元）	270	13874.99	14596.08	852.24	114628.9
STR_{it}	第二产业产值占 GDP 比重（%）	270	47.23	7.57	19.80	61.50
POP_{it}	年末常住人口（万人）	270	4398.01	2644.55	543	10644
$OPEN_{it}$	进出口贸易总额占 GDP 比重（%）	270	0.38	0.61	0.036	7.06
S_{it}	国内研发资本存量（亿元）	270	913.90	1231.45	4.17	6639.05

注：计算过程中用到的进口、出口和 $OFDI_{it}^{re}$ 的数据按照当年汇率折算成人民币。

① 国家样本为：美国、英国、德国、日本、法国、意大利、荷兰、瑞典和新西兰 9 个发达国家，巴西、俄罗斯、哈萨克斯坦、澳大利亚和加拿大 5 个资源丰裕类国家以及韩国、新加坡、印度和南非 4 个新兴经济体。

5.4 模型检验与实证结果分析

5.4.1 模型检验

由于面板数据模型中很可能包含有个体异质性和时间异质性进而会导致 OLS 回归结果出现偏差，鉴于此本书先对上文所设立的模型进行识别性检验。对式（1）进行识别性检验的结果如表 5-2 所示，F 检验结果表明，应严格拒绝不含个体和时间固定效应的原假设，即应选用双向固定效应。LM 检验结果则表明应拒绝不含个体随机效应的原假设。Hausman 检验结果表明应拒绝个体效应与原假设不相关的原假设，故本书最终选择的是含有个体和时间异质性的双向固定效应模型。

表 5-2　面板数据模型识别性检验结果

面板模型	F 检验	LM 检验	Hausman 检验
个体固定效应	8.25*** (0.0000)	—	—
时间固定效应	8.81*** (0.0000)	—	—
双向固定效应	6.28*** (0.0000)	—	—
个体随机效应	—	370.91*** (0.0000)	130.21*** (0.0003)

注：括号内的数值为 p 值，***、** 和 * 分别表示在 1%、5% 和 10% 的显著性水平上显著。
资料来源：笔者根据 Stata 软件估计结果整理得到。

5.4.2 全样本与区域样本估计结果分析

由于中国对外开放政策采取的是由东部沿海向内陆地区梯度发展的战略，以及东中西部地区在研发投入、对外开放程度、吸收能力等方面存在差异，这种差异性会影响到各地区对外直接投资逆向技术溢出的碳排放效应。鉴于此，本书分别对全国样本和分区域的子样本进行回归分析，最后将三种不同投资动机引入模型（1）中进行估计，以考察不同投资动机下的中国 OFDI 逆向技术溢出对碳排放的影响及其区域差异，估计结果见表 5 - 3 和表 5 - 4。

在控制了经济发展水平、国内研发资本存量、对外开放度、产业结构和人口因素的基础上，从全国样本来看，中国对外直接投资逆向技术溢出额对母国碳排放绩效的影响系数为 0.053，且通过了 1% 的显著性检验，这说明中国 OFDI 逆向技术溢出在一定程度上能有效地提高国内碳排放绩效。其原因主要在于，近年来随着中国 OFDI 规模的持续扩大和投资领域的不断拓展，尤其是技术寻求型 OFDI 的快速增长，由此产生的逆向技术溢出效应对国内生产活动带来了更多的技术创新，促进了国内产业结构转变和升级，也减轻了国内碳排放。从区域样本来看，东、中部地区 OFDI 逆向技术溢出对碳排放绩效产生了显著的提升效应，而对西部地区没有产生显著影响。分区域实证分析结果表明，中国 OFDI 逆向技术溢出对国内碳排放绩效的影响存在较大的区域差异。从影响系数大小来看，东部地区 OFDI 逆向技术溢出的碳排放绩效系数为 0.1233，远远高于全国平均水平（0.053）；中部地区 OFDI 逆向技术溢出的碳排放绩效系数为 0.0132，略低于全国平均水平。显然，中国 OFDI 的逆向技术溢出对国内碳排放绩效的影响存在较大的区域差异。这种差异主要源于中国对外开放采取了由东部沿海逐渐向内陆辐射的梯度发展模式，东、中、西部的区位特征，技术创新及吸收能力均存在明显差异。

表 5-3　全国样本和区域样本的 OFDI 逆向技术溢出估计结果

变量	全国	东部	中部	西部
$\ln OFDI_{it}^{re}$	0.0530 ***	0.1233 ***	0.0132 ***	0.0092
	(4.26)	(4.32)	(3.27)	(0.48)
$\ln GDP$	-0.1302 ***	-0.1511 ***	-0.1885 ***	-0.1518 ***
	(-7.77)	(-4.43)	(-3.46)	(-3.87)
$\ln S$	0.0503 **	0.0657 **	0.0518 **	0.0355 **
	(2.60)	(2.86)	(2.77)	(3.01)
$\ln OPEN$	0.0172 *	0.0264 **	0.0187 *	0.0098
	(2.28)	(2.54)	(2.36)	(0.45)
$\ln STR$	-0.1319 ***	-0.1382 ***	-0.1620 ***	-0.1518 ***
	(3.79)	(3.74)	(3.39)	(3.32)
$\ln POP$	0.0695 ***	0.0252 ***	0.2266 ***	0.0576 ***
	(5.23)	(5.05)	(6.14)	(6.33)
constant	0.8502 ***	0.7834 ***	-2.0233 ***	-3.9206 ***
	(3.36)	(8.23)	(-8.15)	(-3.98)
时间效应	yes	yes	yes	yes
个体效应	yes	yes	yes	yes
F - test	14.6	9.08	6.80	21.07
p 值	0.0000	0.0000	0.0000	0.0000
Adj - R^2	0.8511	0.8436	0.8773	0.8488
n	270	108	81	81

注：括号内的值为 t 值，*** 、** 和 * 分别表示在 1%、5% 和 10% 的显著性水平上显著。

资料来源：笔者根据 Stata 软件估计结果整理得到。

5.4.3　基于投资动机视角的估计结果分析

同样在控制了经济发展水平、国内研发资本存量、对外开放度、产业结构和人口因素的基础上，从技术寻求型、资源寻求型和市场寻求型三种不同投资动机视角，估计中国 OFDI 逆向技术溢出的碳排放效应的结果显示，无论是全国样本还是区域样本，技术寻求型和市场寻求型动机下的 OFDI 逆向技术溢出对碳排放绩效的影响较为显著，且表现出提高国内碳排放绩效的变化趋势；资源寻求型动机下的 OFDI 逆向技术溢出则表现为降低国内碳排放绩效的效应。东、中部地区的技术寻求型和市场寻求型动机下的 OFDI 逆向技术溢出对碳排放绩效的提升作用高于西部地区；中部地区资源寻求型动机下的 OFDI 逆向技术溢出对碳排放绩效的"恶化"效应却超过了东部和西部地区。

表 5-4　不同投资动机下中国 OFDI 逆向技术溢出碳排放效应的估计结果

变量	全国	东部	中部	西部
$lntecOFDI_{it}^{re}$	0.0076 *** (3.09)	0.0166 *** (3.92)	0.0048 ** (2.35)	0.0009 (1.20)
$lnresOFDI_{it}^{re}$	-0.1174 *** (-4.22)	-0.0482 *** (-7.34)	-0.3332 ** (-2.13)	-0.0175 (-0.42)
$lnmarOFDI_{it}^{re}$	0.2127 ** (2.79)	0.3307 ** (2.04)	0.2791 ** (1.84)	0.1560 (1.07)
$lnGDP$	-0.0221 *** (-5.13)	-0.0189 *** (-3.54)	-0.0159 *** (-6.04)	-0.0162 *** (-3.93)
lnS	0.0309 *** (6.92)	0.0363 *** (6.51)	0.0132 *** (4.18)	0.0047 *** (4.11)
$lnOPEN$	-0.0069 ** (-2.27)	0.0038 *** (3.08)	0.0328 *** (4.47)	0.0061 * (2.05)
$lnSTR$	-0.0604 *** (-3.04)	-0.1218 *** (-3.37)	-0.0271 *** (-4.07)	-0.0155 ** (-2.18)
$lnPOP$	0.0140 *** (5.05)	0.0228 *** (6.51)	0.0622 *** (3.04)	0.0648 *** (3.26)
constant	0.4105 *** (3.18)	-0.7311 *** (-8.23)	-5.3277 *** (-6.41)	-4.4590 *** (-7.11)
时间效应	yes	yes	yes	yes
个体效应	yes	yes	yes	yes
F-test	15.06	9.89	5.95	20.37

续表

变量	全国	东部	中部	西部
p 值	0.0000	0.0000	0.0000	0.0000
Adj－R^2	0.8303	0.8096	0.8391	0.8906
n	270	108	81	81

注：括号内的值为 t 值，***、** 和 * 分别表示在 1%、5% 和 10% 的显著性水平上显著。

资料来源：笔者根据 Stata 软件估计结果整理得到。

5.4.4 稳健性检验

为了评估上述估计结果的可靠性，本书从两个方面对不同投资动机下的区域样本①进行平稳性检验：一是将 2008 年作为分界点，分别考察 2005～2008 年和 2009～2013 年两个样本期间中国对外直接投资逆向技术溢出的碳排放效应。二是采用碳生产率（Carton Productivity，CP）作为碳排放量的衡量指标。碳生产率等于各地区生产总值与二氧化碳排放量的比值，地区生产总值和碳排放量的计算方法同上文。稳健性检验结果见表 5－5 和表 5－6。

表 5－5　固定效应模型稳健性检验结果（一）

变量	2005～2008 年			2009～2013 年		
	东部	中部	西部	东部	中部	西部
$lntecOFDI_{it}^{re}$	0.1204 ***	0.0291 ***	0.0045	0.8779 ***	0.1736 **	0.0364 *
	(3.35)	(3.29)	(1.91)	(4.05)	(3.12)	(2.59)
$lnresOFDI_{it}^{re}$	0.0248 ***	0.0172 ***	0.0078 *	－1.8014 ***	－1.7673 ***	－0.0749 *
	(5.95)	(3.02)	(1.71)	(－5.80)	(－3.23)	(－1.79)
$lnmarOFDI_{it}^{re}$	0.0507 ***	0.0351 ***	0.0336 *	1.7209 ***	1.6253 ***	0.9414 ***
	(4.34)	(4.21)	(1.34)	(6.71)	(6.65)	(5.10)
F－test	12.25	55.47	60.86	7.84	10.78	19.68

①　由于表格太长，这里没有列出全国样本的估计结果。但是，可以间接地从区域样本估计结果中看出。

变量	2005~2008 年			2009~2013 年		
	东部	中部	西部	东部	中部	西部
p 值	0.0000	0.0000	0.0000	0.0000	0.0000	0.0000
$Adj-R^2$	0.8226	0.8443	0.8485	0.8106	0.8203	0.8820
n	48	36	36	60	45	45

注：括号内的值为 t 统计量；***、**、* 分别表示在 1%、5%、10% 的显著性水平上显著；回归结果中均控制了个体和时间效应及其他控制变量。

资料来源：笔者根据 Stata 软件估计结果整理得到。

表 5 - 6　固定效应模型稳健性检验结果（二）

变量	CP（2005~2013 年）		
	东部	中部	西部
$lntecOFDI_{it}^{re}$	0.0855 ***	0.0487 ***	0.0096
	(3.24)	(3.09)	(1.35)
$lnresOFDI_{it}^{re}$	−0.0169 ***	−0.4256 **	−0.0017
	(−3.02)	(−2.82)	(1.24)
$lnmarOFDI_{it}^{re}$	0.4119 ***	0.1706 ***	0.3370
	(3.43)	(3.32)	(1.77)
F − test	18.25	46.70	15.78
p 值	0.0000	0.0000	0.0000
$Adj-R^2$	0.8606	0.8411	0.8003
n	108	81	81

注：括号内的值为 t 统计量；***、**、* 分别表示在 1%、5%、10% 的显著性水平上显著；回归结果中均控制了个体和时间效应及其他控制变量。

资料来源：笔者根据 Stata 软件估计结果整理得到。

　　从阶段性估计结果看，三种动机下的 OFDI 逆向技术溢出对东、中、西部地区的碳排放影响程度及方向与上文的估计结果很接近。不同之处在于，金融危机之前，东、中、西部地区三种动机下的 OFDI 逆向技术溢出的碳排放效应均弱于金融危机之后，这是因为金融危机之前，中国 OFDI 投资规模较小,尤其是制造业的对外直接投资水平较低,很难起到降低国内碳排放的作用。而在金融危机之后,尤其是在国内加快调整产业结构的大背景下,中国 OFDI 投资存量逐渐增大,尤其是中国制造业企业在对外直接投资的过程中还积极参与国外技术研发,并通过其逆向技术溢出效应有效地提升国内制造业生产水平,改进国内制造业生产工艺和方法,这在一定程度上能缓解国内碳排放压力。

从碳生产率的估计结果看,除了个别数值外,东、中、西部地区三种投资动机下 OFDI 逆向技术溢出的碳排放绩效影响系数值均比上文估计结果偏大,但是方向相同,说明不同投资动机下 OFDI 逆向技术溢出对碳生产率的影响大于碳排放绩效指数,原因可能在于两个指标的计算方法和衡量标准不同。显然,上文中两个方面的稳健性检验结果表明,逆向技术溢出视角下中国对外直接投资对母国碳生产率影响的实证分析结果是稳健的。

5.5 小结

本章利用基于 DEA – Malmqusit 指数方法,测算了 2005～2013 年中国 30 个省际区域的碳排放绩效指数,并从不同投机动机视角分析了中国 OFDI 逆向技术溢出对国内碳排放绩效的影响及区域差异。实证研究结果表明,从全国层面来看,中国对外直接投资逆向技术溢出对母国国内碳排放绩效的影响系数为正且通过了显著性检验,表明中国 OFDI 逆向技术溢出在一定程度上能有效地提高国内碳排放绩效。从区域样本来看,东、中部地区 OFDI 逆向技术溢出对碳排放绩效产生了显著的提升效应,西部地区 OFDI 逆向技术溢出对其碳排放并没有产生显著影响。分区域实证分析结果表明,中国 OFDI 逆向技术溢出对国内碳排放绩效的影响存在较大的区域差异。从不同投资动机看，技术寻求型和市场寻求型动机下的 OFDI 逆向技术溢出对碳排放绩效的影响较为显著，且表现出提高国内碳排放绩效的变化趋势；资源寻求型动机下的 OFDI 逆向技术溢出则表现为降低国内碳排放绩效的效应。东、中部地区的技术寻求型和市场寻求型动机下的 OFDI 逆向技术溢出对碳排放绩效的提升作用高于西部地区；中部地区资源寻求型动机下的 OFDI 逆向技术溢出对碳排放绩效的"恶化"效应却超过了东部和西部地区。

上述研究结论表明：第一，我国应继续扩大对外直接投资规模，尤其要积极鼓励国内企业到技术密集型的国家或地区投资，扩大 OFDI 逆向技术溢出对国内碳排放绩效的改善作用，逐步从传统的"走出去"发展战略向"技术获取型"发展战略转变。第二，在扩大对外直接投资规模的基础上，应采取差异化的区域发展战略，对于区位优势突出、产业结构优化水平高、吸收能力较强的东部地区，应积极加大其对外投资的力度，以更大程度地获取更多的逆向技术溢出效应；而对于区位优势较弱、产业结构优化水平低、吸收能力较弱的中西部地区，则以培养吸收能力为主，提高 OFDI 逆向技术溢出在这些地区的渗透力。第三，进一步提高和改善中国对外直接投资的质量与结构。首先，政府应该继续引导我国企业优化对外直接投资的区位选择和分布，尤其是要鼓励那些有竞争优势的企业进行"逆梯度"型对外直接投资，并通过其逆向技术溢出效应，进一步推进我国产业结构的优化与升级，进而减少国内碳排放量。其次，按照小岛清的边际产业扩张论，应把我国国内已经或即将丧失比较优势的"边际产业"对外进行转移，不仅可以为我国国内新兴产业的发展腾出空间，而且还能推动我国产业向低耗能、低污染、低排放的新兴产业升级。第四，我国东部地区应采取多种动机导向型对外直接投资的发展策略，对加快该地区的产能过剩以及高污染、高耗能、高排放的传统产业链向外进行转移具有很大的促进作用。一方面要提高境外投资企业学习模仿和自主创新水平，努力获取更加先进的清洁生产技术，进而可以促进母国国内产业结构优化和升级，提升国内企业的生产效率，并逐步形成该区域低碳产业发展的新优势。而中西部地区则应及时为对外投资企业提供必要的资金支持和政策支持，同时要注意规避工业化赶超过程中可能出现的碳排放"陷阱"问题。中西部地区应通过加快承接东部地区制造业产业转移以不断巩固和加强本区域城市化进程中的工业基础。另一方面则要不断稳步提升区域内研发导向型企业的对外直接投资规模，通过充分利用学习和掌握到的国外清洁技术从而形成良性的低碳工业体系。

6 基于空间面板杜宾模型的中国 OFDI 影响母国碳生产率的实证研究

6.1 问题提出

Kaya 和 Yokobori 于 1993 年提出了碳生产率（Carton Productivity，CP）的概念，其含义是在一定时期内一国或一地区的国内生产总值与二氧化碳排放量的比值，该指标主要反映了一国或一地区经济发展过程中二氧化碳的碳排放效率。有关碳生产率的研究主要集中在碳生产率的变化趋势以及对碳生产率影响因素的分解。潘家华、张丽峰（2011）使用收敛、Tapio 脱钩指数方法研究了碳生产率的区域差距及动态演变轨迹。于雪霞（2015）运用 Tapio 脱钩指数和 LMDI 方法研究的结果显示：研究期内碳生产率呈现稳步增长趋势，且存在明显的区域差异性。张成、王建科等（2014）的研究结果表明，碳生产率增长率可分解为技术进步、资本能源替代和劳动能源替代三种效应。

虽然国内目前已开始研究对外直接投资的母国碳排放效应，然而这些研究都没有考虑到国内各地区间对外直接投资和碳排放所表现出的空间集聚特征和空间联动性。郑展鹏（2015）的研究结果显示，中国区域对外直接投资存在正向的空间相关性，而且工业化水平和人力资本投入水平对区域间对外直接投资的空间集聚起到了显著的促进作用。张慧（2014）基于对外直接投资的行业视角，同样认为，中国行业对外直接投资通过规模经济、信息外溢等基本实现了空间集聚效应。戴翔等（2013）指出，无论是在地区层面还是在行业层面所表现出的集聚效应均对 OFDI 具有明显的促进作用。许和连、邓玉萍（2012）证实了我国省域环境污染存在较为显著的空间正相关性，且在空间分布上存在一定的集聚现象。肖宏伟、易丹辉（2013）的研究指出，区域工业碳排放表现出较强的空间溢出效应和示范效应。曹洪刚、陈凯、佟昕（2015）的实证研究结果表明，中国省域碳排放存在明显的空间集聚性和空间依赖性。显然，中国对外直接投资和碳排放的空间集聚和空间相关性是客观存在的，因此，本书基于中国对外直接投资与碳生产率在地理空间上集聚分布的客观事实，实证检验了中国对外直接投资与碳生产率的空间关联性，进而构建了空间面板杜宾模型。同时为了便于比较，本书分别选用 SLM、SEM、SDM 三种空间计量模型从全样本和区域样本两个视角实证分析了中国对外直接投资对国内碳生产率的影响，并估计结果进行了稳健性检验，进一步提高了估计结果的可靠性。通过从空间溢出视角的分析，可以为充分发挥中国对外直接投资的空间溢出效应提供有力的现实依据。

6.2 空间面板杜宾模型的设定

6.2.1 中国对外直接投资与碳生产率的空间集聚特征

作为世界上的第三大对外投资国，中国对外直接投资呈现出显著的"东高西低"的区域分布特征和明显的区域发展不平衡特征。以 2014 年为例,中国地方非金融类对外直接投资存量总额的 79.8% 和流量总额的 80.57% 均集中在东部 12 个省际地区。其中,广东省的对外直接投资流量(108.97 亿美元)和存量(494.79 亿美元)均高于中西部地区 18 个省份(西藏除外)的对外直接投资流量总额(106.14 亿美元)和存量总额(473.98 亿美元)。在东部地区,京津冀、闽粤两地和长三角地区的对外直接投资存量分别占东部地区的 22.56%、29.02% 和 30.15%,表明京津冀、闽粤两地和长三角地区三个区域的对外直接投资发展呈现局域集聚性分布形态。

如文献所述,中国对外直接投资主要通过其规模效应、结构效应和逆向技术溢出效应三种渠道对国内碳排放产生影响。本书选用碳生产率作为衡量中国碳排放的主要指标,它表示每单位国民生产总值的增长所带来的二氧化碳排放量。鉴于我国尚未研究出特定的碳排放系数,因此本书采用《2006 年 IPCC 国家温室气体清单指南》提供的估算方法并结合《中国能源统计年鉴》中的相关参数对我国二氧化碳排放量进行测算,其测算公式为:

$$CO_2 = \sum_{i=1}^{8} CO_2 = \sum_{i=1}^{8} E_i \times NCV_i \times CC_i \times COF_i \times 44/12$$

其中,i 表示选用煤炭、焦炭、原油、汽油、煤油、柴油、燃料油和天然气八种能源消费种类;E_i 表示第 i 种能源消耗量;NCV_i 表示第 i 种能源的净发热值;CC_i 表示第 i 种能源的含碳量;COF_i 表示第 i 种能源的碳氧化因子;44 和 12 分别表示 CO_2 和碳的分子量。因此,第 t 期第 i 个地区的碳生产率 CP_{it} 则表示第 t 期第 i 个地区的名义 GDP 除以第 t 期第 i 个地区的碳排放总量。估算结果显示:第一,2005~2013 年全国及三大经济区域的碳生产率均呈平稳上升趋势,原因在于 2004~2007 年,随着我国经济增长逐步走向平稳发展趋势,我国政府也开始意识到治理环境污染的重要性和紧迫性,并开始研究和部署二氧化碳的碳减排工作,为此该时间段内全国及各区域内的碳生产率发展相对比较平稳;2008 年以后由于我国进一步提出了节能减排的制度性目标，与此同时，全国及各区域的经济增长速度开始放缓、工业结构开始向"集约"型进行调整、政府对节能减排环境规制力度的不断提高，使得2008 年以后全国及各区域的碳生产率出现了逐渐上升的趋势。第二，部分区域的碳生产率呈现出明显的集聚分布特征。以 2013 年为例，珠三角地区、长三角和京津冀地区的碳生产率显著高于其他省份，表明这些地区的碳排放水平集聚程度高于其他省份。

6.2.2 中国对外直接投资与碳生产率的空间关联性检验

基于中国对外直接投资与碳生产率在地理空间上集聚分布的客观事实，本书选用 2005 ~ 2013 年中国 30 个省份为空间单元，并以对数形式的中国对外直接投资存量（ln$ofdi$）和碳生产率（lncp）分别作为观测值，借助空间数据分析方法进一步检验两个变量的空间自相关性。空间数据分析方法通常使用的 Moran's I 指数，该指数的取值范围为 [-1, 1]。大于 0、小于 0、等于 0 分别表示具有正的空间相关性、负的空间相关性和无空间相关性。此外，考虑到中国绝大多数省份之间有相邻边界的这一事实，本书选用邻接权重矩阵作为空间权重矩阵（即当两地区间存在有共同边界时，则赋值为 1；当两地区间无共同边界时，则赋值为 0）。2005 ~ 2013 年 ln$ofdi$ 和 lncp 的全域 Moran's I 指数的测算结果如表 6 - 1 所示。

结果表明，2005 ~ 2013 年中国对外直接投资存量和碳生产率的全域 Moran's I 指数在所有年份都显著为正，意味着中国对外直接投资存量和碳生产率在全域范围内均存在显著的空间正向自相关，即这两个指标数值具有全域范围内的空间集聚特征，如图 6 - 1 所示。从时间维度看，2008 年前后 ln$ofdi$ 和 lncp 的全域 Moran's I 指数变化波动较大，2011 年以后 ln$ofdi$ 和 lncp 的全域 Moran's I 指数均呈现稳步增长趋势。

表 6 – 1   2005 ~ 2013 年 ln*cp*、ln*ofdi* 的全域 Moran' s I 指数值

变量	2005 年	2006 年	2007 年	2008 年	2009 年	2010 年	2011 年	2012 年	2013 年
ln*cp*	0. 401 ***	0. 443 ***	0. 428 ***	0. 460 ***	0. 440 ***	0. 445 ***	0. 426 ***	0. 428 ***	0. 438 ***
	(3. 961)	(4. 325)	(4. 191)	(4. 478)	(4. 293)	(4. 348)	(4. 208)	(4. 194)	(4. 023)
ln*ofdi*	0. 208 ***	0. 217 **	0. 163 *	0. 116 *	0. 120 *	0. 097 **	0. 092 **	0. 111 ***	0. 136 **
	(3. 209)	(2. 800)	(1. 805)	(2. 175)	(2. 398)	(2. 208)	(2. 157)	(3. 321)	(2. 629)

注：***、**、* 分别表示在 1%、5% 和 10% 的显著性水平上显著，括号内的值为 z 值。

资料来源：笔者根据 Stata 软件估计结果整理得到。

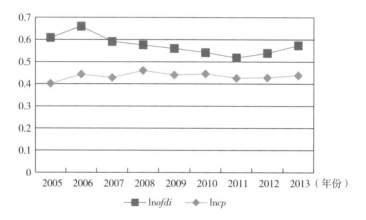

图 6 – 1   2005 ~ 2013 年 ln*ofdi* 和 ln*cp* 的空间关联性变动趋势

资料来源：笔者根据 Stata 软件估计结果整理得到。

6.3   变量选择与数据来源

本书选择 2005 ~ 2013 年中国 30 个省际区域数据作为样本数据，样本数据主要来源于《中国能源统计年鉴》《中国科技统计年鉴》《中国统计年鉴》《中国对外直接投资公报》及各地区统计年鉴等。

在控制变量中，经济总量（*pgdp*）是影响碳排放和碳生产率的重要因

素，由于中国不同区域间经济发展水平存在较大差异，本书选用研究期内各省际区域的人均实际 GDP 进行衡量；产业结构（$structure_{it}$）则选用各省际区域的第二产业增加值占各地区生产总值的比重来表示；人口规模（POP_{it}）选用各地区年末常住人口数量；对外开放度（$OPEN_{it}$）用各地区历年进出口贸易总额与地区生产总值的比重表示。研发资本存量（$R\&D_{it}$）采用永续盘存法测算，计算公式为：

$$S_{it} = (1 - \delta)S_{i(t-1)} + RE_{it}$$

其中，S_{it} 表示第 i 个地区当年的研发资本存量，δ 则选用 Coe 和 Helpman（1995）的研究结果，假定为 5%，RE_{it} 为第 i 个地区 t 时期的研发支出。为了减少异方差和增强数据的平稳性，对上述变量均作取对数处理（见表 6 – 2）。

表 6 – 2　主要变量说明及其描述性统计

变量	指标	样本量	均值	标准差	最小值	最大值
CP_{it}	碳生产率（万元/吨碳）	270	0.1146	0.6476	0.1515	0.4385
$ofdi_{it}$	对外直接投资存量（亿元）	270	495400.3	917061.2	525.75	7388659
$pgdp_{it}$	人均实际 GDP（元）	270	78670.88	42023.05	2280.51	252670.3
$stucture_{it}$	第二产业产值占 GDP 比重（%）	270	47.23	7.57	19.80	61.50
POP_{it}	年末常住人口（万人）	270	4398.01	2644.55	543	10644
$OPEN_{it}$	进出口贸易总额占 GDP 比重（%）	270	0.38	0.61	0.036	7.06
$R\&D_{it}$	国内研发资本存量（亿元）	270	913.90	1231.45	4.17	6639.05

6.4　实证结果分析

6.4.1　模型估计结果分析

鉴于空间面板杜宾模型中的解释变量中包含了被解释变量的变形，使其无法满足最小二乘估计（OLS）方法的经典假设条件，将会使 OLS 的估计结果有偏且是不一致的。因此，本书采用极大似然估计方法，同时为了便于比较，分别对 SLM、SEM、SDM 三种空间计量模型进行估计。此外，根据 Hausman 检验发现和固定效应（*FE*）相比，随机效应（*RE*）更加吻合，估计结果如表 6 - 3 所示。

表 6 - 3　SLM、SEM、SDM 三种空间计量模型的估计结果

主要变量	SLM	SEM	SDM
$\ln ofdi$	- 0. 0289 *** (- 4. 10)	- 0. 0375 ** (- 2. 86)	- 0. 0307 *** (- 4. 01)
$\ln pgdp$	0. 6809 *** (4. 10)	0. 7296 *** (4. 81)	0. 4863 *** (4. 42)
$\ln structure$	- 0. 5386 *** (- 4. 67)	- 0. 5173 *** (- 4. 31)	- 0. 5454 *** (- 4. 23)
$\ln OPEN$	0. 0401 ** (2. 88)	0. 0384 ** (2. 78)	0. 0331 ** (2. 59)
$\ln R\&D$	- 0. 1920 *** (- 5. 42)	- 0. 2383 *** (- 7. 57)	- 0. 2474 *** (- 5. 07)
$\ln POP$	0. 5074 *** (4. 82)	0. 5862 *** (5. 14)	0. 6043 *** (5. 10)
常数项	- 2. 5287 * (- 2. 51)	- 3. 3556 *** (- 3. 13)	- 2. 6769 ** (- 2. 76)
W$\ln ofdi$	—	—	0. 0416 *** (3. 35)
ρ	0. 1821 ** (2. 60)	—	0. 2466 *** (2. 91)
λ	—	0. 1868 *** (2. 98)	—
Adj - R^2	0. 8010	0. 8040	0. 8974
LogL	155. 5199	154. 1572	161. 6320

续表

主要变量	SLM	SEM	SDM
$Sigma^2$	0.0106 ***	0.0104 ***	0.0099 ***
	(12.78)	(10.66)	(10.63)
Wald test	32.2371	78.1382	—
	(p = 0.0000)	(p = 0.0001)	
LR test	36.2543	62.3417	—
	(p = 0.0002)	(p = 0.0003)	
观测值	270	270	270

注: *** 、** 、* 分别表示在 1%、5% 和 10% 的显著性水平上显著,括号内的值为 z 值。下同。

资料来源: 笔者根据 Stata 软件估计结果整理得到。

表 6-3 的估计结果显示,空间滞后模型(SLM)和空间误差模型(SEM)的 Wald 和 LR 检验结果均在 1% 的显著性水平上拒绝了原假设,即表明本书不能将 SDM 模型简化为 SLM 和 SEM。其次,R^2、LogL 值等指标的估计结果表明 SDM 模型的整体估计结果较为理想,故下文将以此模型为基准模型。此外,SDM 模型中的 ρ 值为 0.2466,且通过了 1% 的显著性检验,表明中国碳生产率存在正向的空间自相关效应,某一省份的碳生产率在空间上倾向于向高碳生产率的省份集聚,$lnofdi$ 的系数为 -0.0307 且通过了 1% 显著性检验,说明区域对外直接投资的增加却降低了该地区的碳生产率,说明当前中国对外直接投资的快速增长已经影响到了中国碳排放的变化,且表现为负面影响。这就意味着随着中国对外直接投资规模的不断扩大,中国通过资源消耗所带来的相应产出将会下降。

6.4.2 空间杜宾模型效应分解

表 6-3 的估计结果显示,R^2、LogL 值等指标的估计结果表明 SDM 模型的整体估计结果较为理想,故下文将以此模型为基准模型。此外,SDM 模型中的 ρ 值为 0.2466 且通过了 1% 的显著性检验,表明中国碳生产率存在正向

的空间自相关效应，某一省份的碳生产率在空间上倾向于向高碳生产率的省份集聚，lnofdi 的系数为 −0.0307 且通过了 1% 的显著性检验，说明区域对外直接投资的增加却降低了该地区的碳生产率，说明当前中国对外直接投资的快速增长已经影响到中国碳排放的变化，且表现为负面影响。这就意味着随着中国对外直接投资规模的不断扩大，中国通过资源消耗所带来的相应产出将会下降。

由于纳入了空间滞后项的空间杜宾模型无法直接反映出其边际效应，因此不能直接用其回归系数来衡量解释变量对被解释变量的影响程度。鉴于此，本书根据里萨格（LeSage）和佩斯（Pace）的相关理论，需要将解释变量对被解释变量的影响效应进行分解。此外，由于中国"走出去"战略实施了梯度发展模式，即由于东、中、西部地区的经济发展水平、开放程度、区位特征和技术创新能力等方面存在明显差异，中国实施了由东部沿海向中西部内陆地区梯度发展战略，因此本书在全样本分析基础上，将全样本分为东部地区和中西部地区两个区域子样本进行效应分解。此外，由于 2008 年金融危机前后，中国对外直接投资发生了显著性变化，本书以 2008 年为分界点，主要考察了 2005～2008 年和 2009～2013 年两个样本期间中国对外直接投资对碳生产率影响的阶段性特征。

6.4.2.1 全样本层面效应分解

从表 6-4 的全样本效应分解结果可以看出，对外直接投资对碳生产率的直接效应为负值（−0.0288）且通过了 1% 的显著性检验，同时在控制其他变量后，本地对外直接投资每增加 1%，平均意义上将使本地碳生产率降低约 0.0288 个百分点，这表明对外直接投资对区域内的碳生产率存在明显的负向效应，对外直接投资没有起到提升本地区碳生产率的作用。这一结果进一步说明了我国对外直接投资的增加并没有将国内的高耗能产业转移至东道国。原因在于：第一，我国对外直接投资行业中大多属于低耗能产业。以 2015 年为例，中国对外直接投资行业中位于前五位的分别是租赁和商务服务业，批发和零售业，金融业，采矿业，交通运输、仓储和邮政业，其累计投资存量总额占我国对外直接投资存量总额的 80% 以上，而这些行业的碳排放量比较低。第二，我国对外直接投资通过其规模效应、结构效应和逆向技术溢出效应提升各省际区域内碳生产率的作用还没有开始凸显，尤其是逆向技术溢出效应对降低母国碳排放的作用相对比较弱。从间接效应来看，对外直接投资对碳生产率的间接效应为 −0.0021 且通过了 10% 的显著性检验，说明在一定程度上控制了主要影响因素后，邻近地区的对外直接投资对本地区碳生产率的空间溢出效应是存在的。

表 6−4 估计结果中控制变量的系数均与预期基本一致。以 *pgdp* 表示的经济发展水平指标对国内碳生产率产生的三种效应均显著为正，表明经济发展对碳生产率的影响是积极的，各省际区域的碳排放量正在逐渐减少，且其经济发展的质量正得到改善；以 *structure* 所表征的产业结构指标的直接效应、间接效应和总效应均为负且显著，这与第二产业比重过高不利于碳生产率提升的现实情况基本吻合，而且邻近地区第二产业比重过高也不利于本地区碳生产率的提升；对外开放程度 *OPEN* 和人口规模 *POP* 的直接效应和间接效应均显著为正，表明我国对外开放水平和人口规模的提高所带来的经济效益超过其碳排放影响；而以 R&D 表示的技术创新水平对国内碳生产率的三种效应同样显著，说明通过提高研发技术水平来改善环境质量减少碳排放的效果已经凸显。

表 6−4　全样本层面效应分解估计结果

主要变量	直接效应 Direct	间接效应 Indirect	总效应 Total
ln*ofdi*	− 0.0288 ** (− 2.67)	− 0.0021 * (− 1.03)	− 0.0309 ** (− 2.25)

主要变量	直接效应 Direct	间接效应 Indirect	总效应 Total
ln*pgdp*	0.5382 ** (2.55)	0.7459 ** (3.17)	1.2842 *** (4.82)
ln*structure*	− 0.5487 *** (− 4.01)	− 0.1762 *** (− 4.69)	− 0.7248 * (− 2.49)
ln*OPEN*	0.0358 ** (2.80)	0.0579 ** (2.54)	0.0937 * (2.23)
ln*R&D*	− 0.2430 *** (− 4.93)	− 0.0633 (− 4.66)	− 0.3063 *** (− 2.95)
ln*POP*	0.6220 *** (5.08)	0.0979 *** (3.44)	0.7199 ** (2.90)

资料来源：笔者根据 Stata 软件估计结果整理得到。

6.4.2.2 分样本层面效应分解

表 6 - 5 中分区域层面效应分解估计结果显示，东部地区对外直接投资空间溢出效应的回归系数值为 − 0.0199，但是未通过显著性检验，而二者的关系在中西部地区却十分显著。究其原因可能在于我国国内的高污染和高耗能产业正从东部地区向中西部地区转移，而且通常庞大的对外直接投资规模往往预示着高速发展的经济水平，如果这种经济高速发展没有带来相应程度的碳排放，这应该是一国产业在其国内进行转移的直接表现（许可、王瑛，2015）。估计结果显示，我国中西部地区对外直接投资的增加降低了这些地区的碳生产率，对外直接投资每增加 1%，中西部地区的碳生产率将降低 0.046%。从直接效应和间接效应来看，中国中西部地区的对外直接投资不仅降低了本地区的碳生产率而且还通过空间溢出效应降低了邻近地区的碳生产率。

表 6 - 5 中分时期层面效应分解估计结果显示，中国对外直接投资对母国碳生产率的影响在不同时段的作用强度是有差异的。2005 ~ 2008 年，中国对

外直接投资对母国碳生产率的直接影响与空间溢出效应的回归系数是不显著的，但在 2009 ~ 2013 年却是显著的。表明中国对外直接投资对母国碳生产率的直接影响和空间溢出效应并非贯穿整个样本区间。在金融危机爆发后的 2009 ~ 2013 年，随着中国对外直接投资存量的快速增长和中国碳排放意识的不断提高，虽然中国对外直接投资降低了国内碳生产率，但是中国碳生产率与产业结构调整、研发投入之间却存在良性互动关系。

表 6 - 5　分样本层面效应分解估计结果

lncp	分区域层面				分时期层面			
	东部地区		中西部地区		2005 ~ 2008 年		2009 ~ 2013 年	
	Direct	Indirect	Direct	Indirect	Direct	Indirect	Direct	Indirect
lnofdi	- 0.0216	- 0.0068	- 0.0523 **	- 0.0065 **	- 0.290	- 0.0552	- 0.0438 ***	- 0.0864 ***
	(- 1.03)	(- 1.48)	(- 2.89)	(- 2.08)	(- 1.55)	(- 1.66)	(- 3.56)	(- 3.23)
控制变量	include	include	include	include	include	include	include	include
Wlnofdi	- 0.0199		- 0.0460 ***		- 0.0369		- 0.0353 ***	
	(- 0.53)		(- 5.19)		(- 1.23)		(- 3.67)	
ρ	- 0.1076 ***		0.3893 ***		0.2649		0.4422 ***	
	(- 4.09)		(4.46)		(2.14)		(4.97)	
Adj - R^2	0.8218		0.8272		0.6557		0.8594	
LogL	55.3345		114.7725		53.3063		102.6408	
Sigma^2	0.0104 ***		0.0076 ***		0.0081 ***		0.0051 ***	
	(6.76)		(8.32)		(6.59)		(7.62)	
观测值	108		162		120		150	

资料来源：笔者根据 Stata 软件估计结果整理得到。

6.4.2.3　稳健性检验

本书选择各省会城市间球面距离的倒数来构造地理权重矩阵以表征中国对外直接投资对国内碳生产率的影响，并对模型进行稳健性检验。估计结果如表 6 - 6 所示，模型中主要变量的系数符号及显著性和上文相比并未出现较大变动，对外直接投资的直接影响和空间溢出系数均显著且仍为负值，再次验证了对外直接投资对区域内的碳生产率存在明显的负向效应,邻近地区的对外直接投资对本地区碳生产率的空间溢出效应仍然存在。

表6-6 以地理距离为权重矩阵的空间杜宾模型回归结果

lncp	全国样本		分时期样本			
			2005~2008 年		2009~2013 年	
	Direct	Indirect	Direct	Indirect	Direct	Indirect
ln*ofdi*	-0.0348 **	-0.1646 ***	-0.0014	-0.0236	-0.2208 **	-0.1386 *
	(-2.88)	(-4.78)	(-0.06)	(-0.47)	(-2.53)	(-2.15)
控制变量	include	include	include	include	include	include
Wln*ofdi*	-0.1400 ***		-0.027		-0.1079 ***	
	(-3.45)		(0.40)		(-3.80)	
ρ	0.1267 ***		0.6290		0.1796 ***	
	(4.71)		(1.72)		(3.95)	
Adj-R^2	0.8082		0.7086		0.8949	
LogL	158.1753		63.7602		109.0463	
Sigma^2	0.0104 ***		0.0065 ***		0.0055 ***	
	(10.72)		(6.44)		(7.54)	
观测值	270		120		150	

资料来源:笔者根据 Stata 软件估计结果整理得到。

6.5 小结

本章基于 2005~2013 年中国省际面板数据,通过构建空间面板杜宾模型,从空间溢出角度实证分析了中国对外直接投资对母国碳生产率的影响。研究结果表明,中国对外直接投资对区域内的碳生产率存在明显的负向效应,对外直接投资没有起到提升本地区碳生产率的作用,说明中国对外直接投资的增加并没有将国内的高耗能产业转移至东道国。原因在于：第一，中国对外直接投资行业中大多属于低耗能产业。第二，中国对外直接投资通过其逆向技术溢出效应、结构效应和规模效应对提升区域内碳生产率的作用还没有开始凸显，尤其是逆向技术溢出效应对降低母国碳排放的作用相对比较弱。第三，由于目前技术寻求型投资动机所占比重较小，中国对外直接投资动机仍以满足国内经济增长需要的资源寻求型和市场寻求型投资动机为主，而且技术寻求型对外直接投资的逆向技术溢出效应往往存在一定程度上的滞后性（王碧珺，2013），这就会使得中国对外直接投资对母国碳生产率的空间溢出效应难以得到提升。此外，在一定程度上控制了主要影响因素后，邻近地区对外直接投资对本地区碳生产率的空间溢出效应是存在的。从分区域层面看，中国中西部地区的对外直接投资不仅降低了本地区的碳生产率，而且还通过空间溢出效应降低了邻近地区的碳生产率，且其对外直接投资对碳生产率的空间溢出效应要比东部地区显著。最后，从时间维度看，中国对外直接投资对国内碳生产率的直接影响和空间溢出效应并非贯穿整个样本区间，2008 年金融危机后中国对外直接投资对国内碳生产率的影响程度相对较高。上述结论表明：第一，中国对外直接投资规模的增长降低了国内碳生产率，恰巧说明中国并没有将高污染、高排放、高耗能产业转移至国外，原因在于中国对外直接投资主要流向了租赁服务业等低耗能产业，并不能减少国内碳排放。因此，中国应增加对能源行业的对外直接投资比重，进一步加强与东道国在能源利用和能源开发方面的合作，从而实现降低国内能源能耗和碳排放强度。第二，中西部地区对外直接投资对碳生产率的空间溢出效应要比东部地区显著，很可能是由于我国正在将高污染和高能耗产业向中西部地区转移，因此，东、中、西部地区对外直接投资发展战略规划应与本地区经济发展特征相适应，制定区域差别化发展战略。东部地区在制定提高对外直接投资规模政策措施的同时，应更多注重建立起以降低区域内及邻近地区碳排放为重点的政策引导体系。中西部地区应确立以引进外资为主，对外直接投资适度发展的战略方针。同时，要有甄别性地确定引进外资和对外直接投资的行业布局和行业选择问题。第三，由于技术寻求型对外直接投资所占比例较小，使中国对外直接投资对国内碳生产率的空间溢出效应难以得到提升。因此，中国应加大对发达国家的对外直接投资规模，因为发达国家拥有较高的环境质量标准会促使母国企业模仿与学习，并通过其逆向技术溢出效应提高中国国内技术进步、能源和原材料利用率，以及减少国内碳排放。

7 研究结论、政策建议与研究展望

7.1 研究结论

本书通过对现有国际资本流动与碳排放之间关系的经典理论与研究成果进行梳理，从理论上分析了中国对外直接投资影响母国碳排放的理论模型和传导机制，利用 2005~2013 年中国 30 个省级面板数据，从联立方程、投资动机及空间溢出三个视角下实证检验了中国对外直接投资的母国碳排放效应。本书实证研究的结论归纳如下：

第一，联立方程模型中全样本和分区域样本的实证结果显示：中国对外直接投资的经济增长效应、产业结构效应及逆向技术溢出效应的估计系数均为正值，且逆向技术溢出效应的作用效果要大于经济增长和产业结构两种效应。实证研究结果显示，对外直接投资流量每增加 1%，中国的经济总量将增加 0.075%，产业结构优化水平提高 0.0091%，技术水平提高 0.1702%，三者综合起来得出中国对外直接投资对母国碳排放量的总效应显著为正。表明中国对外直接投资每增加 1 个百分点，母国国内的碳排放量将会提高

0.2543 个百分点，我国的对外直接投资并没有减少反而增加了国内的碳排放。这一实证结果表明，"污染避难所假说"并不适用于中国。

第二，利用基于 DEA 模型的 Malmqusit 指数方法，不同投资动机视角下中国对外直接投资影响母国碳排放绩效的研究结果表明：从全国样本来看，中国对外直接投资逆向技术溢出对碳排放绩效的影响系数为正且通过了显著性检验，说明中国对外直接投资逆向技术溢出在一定程度上能有效地提高国内碳排放绩效。从区域样本来看，东、中部地区对外直接投资逆向技术溢出对碳排放绩效产生了显著的提升效应，西部地区对外直接投资逆向技术溢出对其碳排放并没有产生显著影响。分区域实证分析结果表明，中国逆向技术溢出对国内碳排放绩效的影响存在较大的区域差异。从不同投资动机看，技术寻求型和市场寻求型动机下的对外直接投资逆向技术溢出对碳排放绩效的影响较为显著，且表现出提高国内碳排放绩效的变化趋势；资源寻求型动机下的对外直接投资逆向技术溢出则表现为降低国内碳排放绩效的效应。东、中部地区的技术寻求型和市场寻求型动机下的对外直接投资逆向技术溢出对碳排放绩效的提升作用高于西部地区；中部地区资源寻求型动机下的对外直接投资逆向技术溢出对碳排放绩效的"恶化"效应却超过了东部和西部地区。

第三，基于空间溢出角度的中国对外直接投资影响母国碳生产率的研究结果表明：中国对外直接投资对区域内的碳生产率存在明显的负向效应，对外直接投资没有起到提升本地区碳生产率的作用，说明中国对外直接投资的增加并没有将国内的高耗能产业转移至东道国。此外，在一定程度上控制了主要影响因素后，邻近地区的对外直接投资对本地区碳生产率的空间溢出效应是存在的。从分区域层面看，中国中西部地区的对外直接投资不仅降低了本地区的碳生产率而且还通过空间溢出效应降低了邻近地区的碳生产率且其对外直接投资对碳生产率的空间溢出效应要比东部地区显著。最后，从时间维度看，中国对外直接投资对国内碳生产率的直接影响和空间溢出效应并非贯穿于整个样本区间，2008 年金融危机后中国对外直接投资对国内碳生产率的影响程度相对较高。

7.2　政策建议

上述研究结论对于我国继续实施"走出去"发展战略措施进而实现转变经济增长方式、降低国内碳排放水平具有重要的政策内涵。基于前文的实证分析结果，提出如下建议。

7.2.1　实施差异化的对外直接投资区域发展战略

上文实证研究结果表明，中国对外直接投资和碳排放在不同省际之间存在显著差异，因此，我国在继续扩大对外直接投资规模的基础上，应积极鼓励各地区制定和实施适合本地区 OFDI 发展和减少碳排放的政策措施。

第一，我国应继续扩大对外直接投资规模，尤其是在"一带一路"倡议背景下，中国对外直接投资将面临新的机遇和发展空间，也意味着其将迎来新一轮的高速增长期。在此机遇下，为扩大对外直接投资逆向技术溢出对母国"碳减排"的促进作用，我国要大力支持国内企业到技术密集型的国家或地区投资，扩大对外直接投资逆向技术溢出对国内碳排放绩效的改善作用，逐步从传统的"走出去"发展战略向"技术获取型"发展战略转变。

第二，在扩大对外直接投资规模的基础上，应采取差异化的区域发展战略。

由于实证结果显示，中国东部地区技术寻求型和市场寻求型对外直接投资动机对碳排放绩效的影响较为显著。因此，我国东部地区应采取多种动机导向型对外直接投资的发展策略，对加快该地区的产能过剩以及高污染、高耗能、高排放的传统产业链向外进行转移具有很大的促进作用。一方面要提高境外投资企业学习模仿和自主创新水平，努力获取更加先进的清洁生产技术，进而可以促进母国国内产业结构优化和升级，提升国内企业的生产效率，并逐步形成该区域低碳产业发展的新优势。而中西部地区则应及时为对外投资企业提供必要的资金支持和政策支持，同时要注意规避工业化赶超过程中可能出现的碳排放"陷阱"问题。中西部地区应通过加快承接东部地区制造业产业转移以不断巩固和加强本区域城市化进程中的工业基础。另一方面则要不断稳步提升区域内研发导向型企业的对外直接投资规模，通过充分利用学习和掌握到的国外清洁技术从而形成良性的低碳工业体系。

第三，上文实证结果显示，我国中西部地区对外直接投资对碳生产率的空间溢出效应要比东部地区显著，很可能是由于我国正在将高污染和高能耗产业向中西部地区转移，因此，东、中、西部地区对外直接投资发展战略规划应与本地区经济发展特征相适应，并制定区域差别化发展战略。东部地区在制定提高对外直接投资规模政策措施的同时，应更多注重建立起以降低区域内及邻近地区碳排放为重点的政策引导体系。而中西部地区应确立以引进外资为主，对外直接投资适度发展的战略方针。同时要有甄别性地确定引进外资和对外直接投资的行业布局和行业选择问题。

第四，由于目前中国对外直接投资中技术寻求型投资所占比重较小，使得中国对外直接投资对国内碳生产率的空间溢出效应难以得到提升。为此，中国仍需加大对发达国家和地区的对外直接投资规模，因为发达国家拥有较高的环境质量标准会促使母国企业模仿与学习，并通过其逆向技术溢出效应提高中国国内技术进步、能源和原材料利用率，以及减少国内碳排放。

7.2.2 合理布局对外直接投资行业

上文实证结果表明，无论是从全国视角来看还是从分区域视角来看，中国对外直接投资的产业结构调整效应开始凸显。因此，我国各地区都应加快产业结构的调整步伐，通过合理布局对外直接投资行业，力争使我国从粗放型的经济增长方式向集约型的经济增长方式转变，这样才有可能从根本上减轻中国工业生产领域的二氧化碳排放。具体而言，东部地区应加大对附加值较高的低碳型产业的扶持力度，对于传统的低附加值的碳密集型产业则应进行严格限制。内陆的中部地区应积极颁布相关的优惠政策，吸引沿海地区低碳型产业到本地来投资建厂。西部地区在承接产业转移发展过程中必须统筹兼顾，鼓励企业的环境友好行为，严格限制环境市场准入门槛，避免和限制工艺落后、污染严重的产业转移到西部地区。

此外，应组建起我国独立、完整的产业链体系，重点发展以新能源行业为代表的低碳经济战略领域。由于目前中国新能源行业在快速发展的过程中还存在许多问题，如某些新能源产业的关键技术、设备和原材料仍然主要依赖于国外供应；新能源产品国际销路仍然依赖于某个单一的国外市场等。因此，为保证中国新能源行业能够健康、持续、快速发展，我国应建立起独立、完整的新能源产业链体系。在继续扩大技术寻求型对外直接投资规模的基础上，一方面，要向上游产业投入大量研发资金和研发人员，以便能在海外市场寻求稳定的原材料和设备供应；另一方面，要为新能源产品树立良好的海外营销品牌，形成专有的销售渠道，增加企业的无形资产价值。

7.2.3 注重对外直接投资的区位选择

第一，继续加大对发达国家和地区的直接投资规模。对外直接投资的逆向技术溢出效应对于提高母国国内技术水平、推动母国国内产业结构优化和升级以及减少母国碳排放具有明显的促进作用。特别是现阶段我国经济正处于"调结构、促发展"的关键发展时期，"逆梯度"型对外直接投资不仅有利于我国获取先进的技术知识和技术设备，而且有利于提升我国技术创新能力，还可以为国内培育低碳产业和高新技术产业的发展提供必要的技术支撑，最终实现国内节能减排的战略目标。

第二，进一步加强对发展中国家和地区的对外直接投资。鉴于目前资源寻求型对外直接投资仍是我国对外直接投资的重点领域，这种类型的对外直接投资不仅可以满足现阶段我国经济高速发展所需要的资源和能源，而且在某种程度上可以减轻国内资源的环境压力。此外，近几年国内部分传统产业开始不断地向东南亚国家和地区转移，主要原因在于我国国内劳动力用工成本和土地使用成本的不断攀升。因此，通过鼓励这些丧失或即将丧失低成本竞争优势的边际产业的对外转移，不但有助于促进国内产业结构的升级，而且还能有效地减轻国内碳排放压力。

7.2.4 鼓励技术寻求型对外直接投资

上文实证结果表明，中国对外直接投资的逆向技术溢出效应为正。为了进一步增强对外直接投资逆向技术溢出的吸收能力，我国应继续扩大和提高技术寻求型对外直接投资规模，掌握更多、更先进的"节能减排"关键技术，减轻国内碳排放。

第一，政府应把技术寻求型对外直接投资视为政府扶持的重点对外直接投资方式之一。一方面，要将其上升为国家对外开放的重要战略措施；另一方面，要将适用于境外加工贸易和境外矿产资源开放等领域的优惠政策同等地适用于技术寻求型对外直接投资。另外，政府要引导国内有实力的企业有序展开针对技术先进国家的技术寻求型对外直接投资，通过联合研发、新建子公司或国际并购等方式接近技术资源聚集区，大力推进研发人员的交流和沟通，有步骤地开展技术研发合作和研发资源的共享，利用技术外溢效应提升国外分支机构的技术等级，并经由公司内部渠道形成对母公司的反哺效应，带动国内技术认知和吸收能力的提升，进而提升产业效率和技术水平。

第二，由于对外直接投资逆向技术溢出的吸收能力在很大程度上取决于该地区的人力资本水平。尤其是在知识经济时代，人力资本水平的高低是决定一国能否实现技术创新的重要载体。由于人力资本是制约一国或一地区对外直接投资逆向技术溢出效应发挥作用的重要因素，同时也是提升一国或一地区自主创新能力的关键因素。显然，我国各地区均应加大人力资本的投资力度。然而，由于目前我国人力资本的整体水平偏低，并且东、中、西部三大区域间的人力资本水平存在明显的地区差异。鉴于此，我国各地区均应加大本地区人力资本的投资力度，通过不断增强对外直接投资逆向技术溢出的吸收能力，提升该地区的人力资本水平，从而降低各地区的碳排放量。

第三，政府要鼓励和帮助本土跨国公司建立适应逆向技术溢出的吸收、消化、整合机制，鼓励逆向技术溢出产业化，强调学习能力、吸收能力、消化能力，推进以逆向技术溢出为基础的技术应用和产品开发。吸收能力是由企业人力资本、研发人员的专业素质、逆向技术溢出的技术价值等因素共同决定的，这就需要建立对外直接投资绩效评价体系。

第四，要实现"节能减排"这一战略目标，必须从技术方面入手。联合国政府间气候变化专门委员会（IPCC）的评估报告显示，技术进步是未来解决温室气体减排的最关键因素。能源消费方式的转变和改进，能源利用效率的提高都必须有先进的低碳技术作支撑。与发达国家相比，目前中国二氧化碳减排技术方案中的二氧化碳捕获和碳封存技术、节能与高效能碳减排技术以及能源替代碳减排技术等水平还比较低。因此，中国应加大在技术资源丰富的国家和地区进行直接投资。

7.2.5 在财税方面为低碳技术寻求型对外直接投资提供政策支持

从财税方面为低碳技术寻求型对外直接投资提供政策支持的重点内容是给予一定的税收优惠，这种方式不仅可以在很大程度上提高对外直接投资企业的积极性和主动性，而且还有利于国家在对外投资产业和区域选择方面给予引导和调整。

第一，征收新型生态税种，逐渐实现税收制度向生态化方向转变。针对低碳经济发展所需要的环境资源，逐步开展环境税、生态污染税等新型税种，进而配合环境资源产权制度的建立和实施。在开征新税种的同时，应注重对增值税、消费税和资源税等原有税种的改革，积极探索原有税种对碳排放的调节力度，尤其是关系到二氧化碳排放的能源资源的税率调整。

第二，对低碳技术寻求型对外直接投资企业提供适当的税收减免政策。为了防止东道国和母国对外直接投资企业进行双重征税，我国政府可分别采取税收直接抵免、税收饶让、延期纳税等不同类型的财税政策，以鼓励和支持以获得核心低碳技术产品和设备能够以最低成本转移至国内，进而减少对外直接投资企业的制度成本和交易成本。

第三，为低碳技术寻求型对外直接投资企业提供更多、更广泛的融资渠道。由于跨国企业在跨国投资经营过程中通常会遇到"融资难"这一客观问题，尤其是对技术寻求型对外直接投资企业来说更是如此。全球低碳化发展趋势在某种程度上要求我国政府必须积极采取相应的政策措施和政策制度，为低碳技术寻求型对外直接投资企业建立起一套较为完善的、系统的金融支持体系，在扩大商业银行放贷规模的同时可以考虑直接给予跨国投资企业一定的资金支持。

7.3　研究展望

虽然本书从多角度采用多种实证研究方法对中国对外直接投资的母国碳排放效应展开了全面、系统的探索，但受限于客观数据的可获得性、指标变量选取的合理性以及主观学术研究能力和认识水平，本书尚存在以下几点不足之处且有待于进一步完善：

首先，在基础数据选取方面，本书以我国对外直接投资存量和流量等宏观数据为基础系统研究了中国对外直接投资的国内碳排放效应，细而观之，如能在对外直接投资数据甄别和细分方面做出突破，筛选出诸如技术获取型或效率获取型类型抑或是某一行业的对外直接投资数据，那么就研究主题和整体研究思想来讲将更具有针对性和合理性。此外，本书有关各地区碳排放的测算以及部分变量的选择方面有待进一步补充和完善。例如，本书是以初次能源消耗所带来的直接碳排放为测算依据对各省区碳排放进行测算的，然而现实中往往伴随着各地区之间电能的传输转移以及各地区的电能消耗的差异等造成的碳排放的变化则无法进行测算，因此，本书有关碳排放的测算方法是否能客观地反映各地区的碳排放，有待于进一步去测算比较。

其次，在模型设定方面，本书运用联立方程模型、空间面板杜宾模型、基于 DEA 碳排放绩效指数的面板固定效应模型实证探析了中国对外直接投资对母国碳排放的影响，由于缺少对对外直接投资的国内碳排放效应的动态考察，这与现实状况中对外直接投资发展与碳排放之间的动态演变存有不符之处。此外，本书通过建立联立方程模型从整体上就中国对外直接投资影响母国碳排放影响的传导机制进行了实证检验，发现中国对外直接投资通过规模效应、结构效应和逆向技术溢出效应对母国碳排放产生了影响且存在显著的地区差异，但是本书未就中国对外直接投资影响母国碳排放不同渠道产生的深层次原因进行剖析。因此，未来应就中国对外直接投资影响母国碳排放的传导渠道进行更加深入的细化和分析，尤其是要对不同渠道产生差异的原因做出实证研究。

最后，从研究对象来看，本书以中国 30 个省级数据为研究对象，可能存在一定的局限。当前，由于中国不同省际间对外直接投资规模、行业布局及东道国的区位选择等方面均存在显著差异，尤其是各省区中不同城市之间在经济发展、能源消耗等方面也存在诸多差异。然而，一方面由于目前国内缺乏城市层面的对外直接投资数据；另一方面，城市层面的碳排放测算现在并无较为客观的方法，同时中国对外直接投资在不同产业、能源消耗方面也缺乏连续一致的统计数据，因此本书未从城市层面更好地分析和研究中国对外直接投资对母国碳排放的影响。这些原因也导致了本书作者在短期内对相关研究的延伸很难扩展到城市领域。

参考文献

［1］ Arrow, K., Bolin, B., Costanza, R. Economic Growth, Carrying Capacity, and the Environment ［J］. Ecological Applications, 1996, 6（1）: 13 – 15.

［2］ Andres, J. and Chapman, D. A Dynamic Approach to the Environmental Kuznets Curve Hypoton J. and Levinson, A. The Simple Analytics of the Ecvironmental Kuznets Curve ［J］. Journal of Public Economics, 2001, 80（2）: 269 – 286.

［3］ Atici, C. Carbon Emissions, Trade Liberalization, and the Japan. ASEAN Interaction: A Group. wise Examination ［J］. Journal of the Japanese and International Economics, 2012, 26（4）: 167 – 178.

［4］ Birdsall, N., Wheeler, D. Trade Policy and Industrial Pollution in Latin America: Where are the Pollution Havens? ［J］. Journal of Environment and Development, 1993（2）: 137 – 149.

［5］ Bitzer, J., Kerekes M. Does Foreign Direct Investment Transfer Technology Across Bouders? New Evidence ［J］. Economics Letters, 2008, 100（3）: 355 – 358.

［6］ Bucklya, P. J. and M. C. Casson. The Future of Multinational Enterprises [M] . London: Macmillan, 1976.

[7] Cantwell, J. & P. E. E. Tolentino. Technological Accumulation and Third World Multinationals [J] . International Investment and Business Studies, 1990.

[8] Chichilnisky, G. North and South Trade and the Global Environment [J] . American Economic Review, 1994 (9): 851 – 874.

[9] Cole, M., Elliott R., Determining the Trade – Environment Composition Effect: The Role of Capital, Labor and Environmental Regulations [J] . Journal of Environmental Economics and Management, 2003, 4 (3): 363 – 383.

[10] Cole, M. A. Trade, the Pollution Haven Hypothesis and the Environmental Kuznets Curve: Examing the Linkage [J] . Ecological Economics, 2004, 48 (1): 71 – 81.

[11] Cole, M. A., Elliott, R. FDI and the Capital Intensity of "Dirty" Sectors: A Missing Piece of the Pollution Haven Puzzle [J] . Review of Development Economics, 2005, 9 (4): 530 – 548.

[12] Cole, M. A. Does Trade Liberalization Increase National Energy Use? [J] . Economics Letters, 2006 (92): 108 – 112.

[13] Cole, M. A., Elliott, R., Zhang, J. Growth, Foreign Direct Investment, and the Environment: Evidence from Chinese Cities [J] . Journal of Regional Science, 2011 (51): 530 – 548.

[14] Coodoo, D. and Dinda, S. Causality between Income and Emission: A Country Group Specific Economic Analysis [J] . Ecological Economics, 2002 (40): 351 – 367.

[15] Copeland B., R. and Taylor M. S. North – South Trade and the Environment [J] . Quarterly Journal of Economics, 1994 (109): 87 – 755.

[16] Copeland B., R. and Taylor M. S. Trade and the Environment: Theory and Evidence [M] . Prince University Press, 2003.

［17］Corey, L. Lofdahl, Environmental Impacts of Globalization and Trade: A Systems Study ［M］. The MIT Press, 2002.

［18］Cropper, M. L. , & Gates, W. E. Environment Economics: A Survey ［J］. Journal of Economics Literature, 1992, 30 （2）: 675－740.

［19］Dam, L. , Scholtens, B. Environmental Regulation and MNEs Location: Does CSR Matter? ［J］. Ecological Economics, 2008, 67 （2）: 55－65.

［20］Dean, J. M. , Lovely, M. E. , Wang H. Are Foreign Investors Attracted to Weak Environmental Regulations? Evaluating the Evidence from China ［J］. Journal of Development Economics, 2009, 90 （1）: 1－13.

［21］Desai, M. F. , Foley F. , Hines J. Foreign Direct Investment and the Domestic Capital Stock ［J］. American Economic Review Papers and Proceedings, 2005, 95 （2）: 33－38.

［22］Dick, C. , Jorgenson, A. K. Capital Movement and Environmental Harms ［J］. American Sociological Association, 2011, 17 （2）: 482－497.

［23］Dunning, J. H. Trade, Location of Economic Activity and the Multinational Enterprise: A Search for an Eclectic Approach, International Allocation of Economic Activity ［M］. London: MacMillan, 1977.

［24］Dunning, J. H. International Production and the Multinational Enterprise ［M］. London: Allen& Uniwin, 1981.

［25］Ekins, P. The Kuznets Curve for the Environment and Economics Growth: Examining the Evidence ［J］. Environment and Planning, 1997 （29）: 805－830.

［26］Eliste, P. & Fredirksson, P. G. Environmental Regulations, Transfers and Trade: Theory and Evidence ［J］. Journal of Environmental Economics and Management, 2002 （2）: 234－250.

［27］Eskeland, G. A. & Harrison, A. E. Moving to Greener Pastures? Multinationals and the Pollution. haven Hypothesis [J]. Journal of Development Economics, 2003, 70 (1): 1 – 23.

[28] Ethier, W. J. & Markusen, J. R. Multinational Firms, Technology Diffusion and Trade [J]. Journal of International Economics, 1996 (41): 1 – 28.

[29] Frank, S., Hsiao W. FDI, Exports and GDP in East and Southeast Asia – Panel Data Versus Time – Series Causality Analysis [J]. Journal of Asian Economics, 2006 (17): 1082 – 1106.

[30] Frankel, J. & Rose, A. Is Trade Good or Bad for the Environment? Sorting out the Causality [J]. Review of Economics and Statics, 2005, 87 (1): 85091.

[31] Gentry, B. S. Foreign Direct Investment: Boon or Ban for the Environment? [R]. Pollution Management Discussion Note: in Focus, 2000.

[32] Grossman, G., Krueger A. Environmental Impacts of the North American Free Trade Agreement [R]. NBER Working Paper, 1991.

[33] Grossman, G., Krueger A. Environmental Impacts of a North American Free Trade Agreement, In the Mexico. U. S. Free Trade Agreement [M]. Cambridge, Massachusetts and London: MIT Press, 1993.

[34] Grossman, G., Krueger A. Economic Growth and the Environment [J]. Quarterly Journal of Economics, 1995, 110 (2): 353 – 377.

[35] Grimes, P., Kentor J. Exporting the Greenhouse: Foreign Capital Penetration and CO_2 Emissions 1980 ~ 1996 [J]. Journal of Word. Systems Research, 2003 (2): 261 – 275.

[36] Hamit – Haggar M. Greenhouse Gas Emissions, Energy Consumpion and Economic Growth: A Pane Cointegration Analysis from Canadian Industrial Sectou Perspective [J]. Energy Economics, 2012, 34 (1): 358 – 364.

［37］Hansen, B. E. Threshold Effects in Non. dynamic Panels: Estimation, Testing and Inference ［J］. Journal of Econometrics, 1999, 93（4）: 345 – 368.

［38］He, J. Pollution Haven Hypothesis and Environmental Impacts of Foreign Direct Investment: The Case of Industrial Emission of Sulfur Dioxide in Chinese Provinces ［J］. Ecological Economics, 2006（60）: 228 – 245.

［39］Herzer D. Outward FDI and Economics Growth ［J］. Journal of Economics Studies, 2010, 37（5）: 476 – 494.

［40］Hoffmann, R., Lee, C. G. Ramasamy, B., Yeung, M. FDI and Pollution: A Granger Causality Test Using Panael Data ［J］. Journal of World. systems Research, 2003（3）: 261 – 275.

［41］Hubler, M., Keller, A. Energy Saving via FDI? Empirical Evidence from Developing Countries ［J］. Environments and Development Economics, 2009（15）: 59 – 80.

［42］Hymer, S. TheInternational Operations of National Firms: A Study of Direct Foreign Investment ［M］. Cambridge, Mass: MIT press, 1960.

［43］John Talberth & Alok K. Bohara. Economic Openness and Green GDP ［J］. Ecological Economics, 2006（58）: 743 – 758.

［44］Jorgenson, A. K. Does Foreign Investment Harm the Air We Breathe and the Water We Drink ［J］. Organization Environment, 2007（20）: 137 – 156.

［45］Jorgenson, A. K., Dick, C. Foreign Direct Investment, Environmental INGO Presence and Carbon Dioxide Emissions in Less – Developed Countries, 1980 – 2000 ［J］. Revista International Organizaciones, 2010（4）: 129 – 146.

［46］Judith, M. Dean. Does Trade Liberalization Harm the Environment? A New Test ［J］. Canadian Journal of Economics, 2002, 35（4）: 819 – 842.

［47］ Kaya, Y. Yokobori K. Environment, Energy and Economy: Strategies for Sustainability ［M］. Delhi: Bookwell Publications, 1993: 165 – 177.

［48］ Khalil, S and Inam, Z. Is Trade Good for Environment? A Unit Root Cointegration Analysis ［J］. The Pakistan Development Review, 2006, 45 (4): 1187 – 1196.

［49］ Kindlegerger, C. American Business Abroad: Six Essays on Direct Investment ［M］. New Haven: Yale University Press, 1969.

［50］ Kojima, K. , Direct Foreign Investment: A Japanese Model of Multimational Business Operations ［M］. London: Croom Helm, 1978.

［51］ Kuznets, P. & P. Simon. Economic Growth and Income Inequality ［J］. American Economic Review, 1955 (45): 1 – 28.

［52］ Lall, S. The New Multinationals: The Spread of Third World Enterpises ［M］. London, John Willy & Son, 1983.

［53］ Lau, L. , Choong C, Eng Y. Investigation of the Environmental Kuznets Curve for Carbon Emissions in Malaysia: Do Foreign Direct Investment and Trad Matter? ［J］. Energy Policy, 2014 (68): 490 – 497.

［54］ Lekakis, J. N. and M. Kousis. Demand for and Supply of Environmental Quality in the Environment Kuznets Curve Hypothesis ［J］. Applied Economics Letters, 2001 (8): 169 – 172.

［55］ Leonard, H. J. and Duerkson, C.. Environmental Regulations and the Location of Industry: An International Perspective ［J］. Columbia Journal of World Business, 1980 (15): 54 – 68.

［56］ Levinson, A. and M. S. Trade and the Environment: Unmasking the Pollution Haven Effect ［J］. International Economic Review, 2008 (49): 223 – 254.

［57］ Levinson, A. Environmental Regulations and Manufacturers' Location

Choices: Evidence from the Census of Manufactures [J]. Journal of Public Economics, 2006 (62): 5 – 29.

[58] Letchumanan, R. & Kodama, F. Reconciling "Pollution. haven" Hypothesis and an Emerging the Conflict between the Trajectory of International Technology Transfer [J]. Research Policy, 2000. 29 (1): 59 – 79.

[59] Lipsey, Robert E. Home and Host Country Effects of FDI [R]. NEBR Working, 2002: 92 – 93.

[60] Lopez, R. The Environment as a Factor of Economic Growth and Trade Liberalization [J]. Journal of Environment Economics and Management, 1994, 27 (2): 163 – 184.

[61] Louis, T. Wells. Third World Multinationals. Shangha Translation Publishing Company, 1986, 3 (6): 37 – 38.

[62] Low, P. , & Yeats, A. Do "Dirty" Industries Migrate? [R]. International Trade and the Environment, World Bank Discussion Paper, Washington, DC, World Bank, 1992 (159): 89 – 104.

[63] Lucas, R. On the Mechanics of Economic Development [J]. Journal of Monetary Economics, 1988, 22 (1): 3 – 42.

[64] Managi, S. Hibiki, A. & Tsurumi, T. Do Trade Openness Improve Environmental Quality? [J]. Journal of Environmental Economics and Management, 2009, 58 (3): 346 – 363.

[65] Mani, M. & Wheeler, D. In Search of Pollution Havens? Dirty Industries in the World Economy, 1960. 1995 [R]. World Bank Discussion Paper, 1999.

[66] Mary Lovely & David Popp. Trade, Technology and the Environment: Does Access to Technology Promote Environmental Regulation? [J]. Journal of Environmental Economics and Management, 2011, 61 (1): 16 – 35.

[67] Matthew, A. C. , Robert J. R. & Fredriksson, P. G. Endogenous Pollution Does FDI Influence Environmental Regulations? [J]. the Scandinavian of Economics, 2006, 108 (1): 157 - 178.

[68] Matthew, A. et al. Institutionalized Pollution Havens [J]. Ecological Economics, 2009 (68): 1239 - 1256.

[69] Nahman, A. and G. Antrobus. The Environmental Kuznets Curve: A Literature Survey [J]. South African Journal of Economics, 2005 (73): 105 - 120.

[70] Natalia Zugravu and Sonia Ben Kheder. The Pollution Haven Hypothesis: A Geographic Economy Model in a Comparative Study [R]. Working Papers 73, Fondazione Eni Enrico Mattei, 2008.

[71] Neumayer, Eric. Does Trade Openness Promote Multilateral Environmental Cooperation [J]. The World Economy, 2002 (25): 812 - 832.

[72] OECD. Foreign Direct Investment and Environment [EB/OL]. http: //wwww. biac. org/statements/env/FDI. Envir. 99. pdf, 1999.

[73] Ozturk, I. , Acaravci A. The Long - run and Causal Analysis of Energy, Growth, Openness and Financial Development on Carbon Emissions in Turkey [J]. Energy Economics, 2013 (36): 262 - 267.

[74] Panayotou, T. Empirical Tests and Policy Analysis of Environmental Degradation at Different Stages of Economic Development [R]. Working Paper for Technology and Employment Programme International Labor Office, Geneva, 1993.

[75] Porter, E. M. , & Van Der Linde, C. Toward a New Conception of the Environment Competitiveness Relationshio [J]. Journal of Economics Perspectives, 1995, 9 (4): 97 - 118.

[76] Raymond Vernon. International Investment and International Trade in the Product Cycle [J]. Quarterly Journal of Economics, 1966 (80): 190 - 207.

[77] Roberts, J. T. , Grimes, P. E. , Manale, J. L. Social Roots of Global

Environmental Change：A Word. systems Analysis of Carbon Dioxide Emissions [J]. Journal of World. system Research，2003，4（2）：276 – 315.

［78］Robinson，H. D. Industrial Pollutin Abatement：The Impact on the Balance of Trade [J]. Canada Journal of Economics，1988（21）：187 – 199.

［79］Ronald，H. Coase. The Contractual Nature of the Firm [J]. Journal of Law and Economics，1983，1（4）：1 – 21.

［80］Selden，T. M.，Song，D. Neoclassical Growth，the J Curve for Abatement and the Inverted U Curve for Pollution [J]. Journal of Environmental Economics and Management，1995，29（2）：162 – 168.

［81］Shahbaz，M.，Kumar Tiwari A.，Nasir M. The Effects of Financial Development，Economica Growth，Coal Consumption and Trade Openness on CO_2 Emissions in South Africa [J]. Energy Policy，2013（61）：1452 – 1459.

［82］Stern，D. I.，Common，M. S.，Barbier，E. B. Economic Growth and Environmental Degradation：The Environmental Kuznets Curve and Sustainable Development [J]. World Development，1996，24（7）：1551 – 1560.

［83］Smarzynska，Shang – Jin wei. Corruption and Cross – Border Investment：Firm Level Evidence. William Davidson Institute Working Paper，2009.

［84］Talukdar，D.，Meisner，C. M. Does the Private Sector Help or Hurt the Environment? Evidence from Carbon Dioxide Pollution in Developing Countries [J]. World Development，2001，29（5）：827 – 840.

［85］Walter，I.，Ugelow，J. L. Environmental Policies in Developing Countries [J]. Ambio，1979，8（2）：102 – 109.

［86］波特. 竞争优势 [M]. 北京：华夏出版社，2005.

［87］白洁. 对外直接投资的逆向技术溢出效应 [J]. 世界经济研究，2009（8）：65 – 69.

［88］白俊红，吕晓红. FDI 质量与中国环境污染的改善 [J]. 国际贸易

问题，2015（8）：72 – 83.

［89］柴庆春，胡添雨. 中国对外直接投资的贸易效应研究［J］. 世界经济研究，2012（6）：64 – 69.

［90］常乃磊，李帅. FDI、对外贸易与环境污染的实证研究［J］. 统计与决策，2011（10）：130 – 133.

［91］陈传兴，杨雅婷. 中国对外直接投资的贸易效应分析［J］. 国际经济合作，2009（10）：52 – 55.

［92］陈俊聪，黄繁华. 中国对外直接投资的贸易效应研究［J］. 上海财经大学学报，2013（3）：58 – 65.

［93］陈建奇. 对外直接投资推动产业结构升级：赶超经济体的经验［J］. 当代经济科学，2014（6）：71 – 77.

［94］陈晓峰. 长三角地区 FDI 与环境污染关系的实证研究——基于1985～2009 年数据的 EKC 检验［J］. 国际贸易问题，2008（4）：101 – 108.

［95］陈诗一. 能源消耗、二氧化碳排放与中国工业的可持续发展［J］. 经济研究，2009（4）：41 – 55.

［96］曹洪刚，陈凯，佟昕. 中国省域碳排放的空间溢出与影响因素研究——基于空间面板数据模型［J］. 东北大学学报（社会科学版），2015（11）：573 – 586.

［97］戴嵘，曹建华. 碳排放规制、国际产业转移与污染避难所效应——基于45 个发达及发展中国家面板数据的经验研究［J］. 经济问题探索，2015（11）：145 – 151.

［98］戴翔，韩剑，张二震. 集聚优势与中国企业"走出去"［J］. 中国工业经济，2013（2）：117 – 129.

［99］邓柏盛，宋德勇. 我国对外贸易、FDI 与环境污染之间关系的研究：1995 – 2005［J］. 国际贸易问题，2011（4）：84 – 93.

［100］房裕. 中国对外直接投资对国内产业升级的影响及对策建议

［J］．甘肃社会科学，2015（3）：156－160．

［101］冯彩，蔡则祥．对外直接投资的母国经济增长效应——基于中国省级面板数据的考察［J］．经济经纬，2012（6）：46－51．

［102］傅京燕，李丽莎．FDI、环境规制与污染避难所效应——基于中国省级数据的经验分析［J］．公共管理研究，2010（3）：65－74．

［103］郭红燕，韩立岩．外商直接投资、环境管制与环境污染［J］．国际贸易问题，2008（8）：111－118．

［104］郭沛，张曙霄．中国碳排放量与外商直接投资的互动机制——基于1994～2009年数据的实证研究［J］．国际经贸探索，2012（5）：59－68．

［105］［美］马克·W.弗雷泽．倾向值分析：统计方法与应用［M］．郭志刚等译．重庆：重庆大学出版社，2012．

［106］谷祖莎．贸易开放影响环境的碳排放效应研究——基于中国数据的实证分析［D］．山东大学博士学位论文，2013．

［107］胡昭玲，宋平．中国对外直接投资对进出口贸易的影响分析［J］．经济经纬，2012（3）：65－69．

［108］胡宗义，唐李伟，苏静．碳排放与经济增长：空间动态效应与EKC再检验［J］．山西财经大学学报，2013（12）：30－37．

［109］黄菁．外商直接投资与环境污染——基于联立方程模型的实证检验［J］．世界经济研究，2010（2）：80－86．

［110］蒋冠宏，蒋殿春．中国企业对外直接投资的"出口效应"［J］．经济研究，2014（5）：160－173．

［111］阚大学．FDI对中国环境污染影响的实证研究［J］．环境科学研究，2014（1）：106－112．

［112］李斌，彭星，陈柱华．环境规制、FDI与中国治污技术创新——基于省际动态面板数据的分析［J］．财经研究，2011（10）：92－102．

［113］李逢春．对外直接投资的母国产业升级效应——来自中国省际面

板的实证研究 [J]. 国际贸易问题, 2012 (6): 124 – 134.

[114] 李逢春. 中国对外直接投资推动产业升级的区位和产业选择 [J]. 国际经贸探索, 2013 (2): 95 – 102.

[115] 李梅, 金照林. 国际 R&D、吸收能力与对外直接投资逆向技术溢出——基于我国省际面板数据的实证研究 [J]. 国际贸易问题, 2011 (10): 124 – 136.

[116] 李梅, 柳士昌. 对外直接投资逆向技术溢出的地区差异和门槛效应——基于中国省际面板数据的门槛回归分析 [J]. 管理世界, 2012 (1): 21 – 32.

[117] 李子豪. 外商直接投资对中国二氧化碳排放的影响效应: 机理与实证研究 [D]. 湖南大学博士学位论文, 2014.

[118] 李子豪, 刘辉煌. FDI 对环境的影响存在门滥效应吗?——基于中国 220 个城市数据的检验 [J]. 财贸经济, 2012 (9): 101 – 108.

[119] 李子豪, 刘辉煌. 中国工业行业碳排放绩效及影响因素——基于 FDI 技术溢出效应的分析 [J]. 山西财经大学学报, 2012 (9): 65 – 73.

[120] 林基. 外商直接投资与我国二氧化碳排放: 基于面板数据的多角度研究 [D]. 华东师范大学博士学位论文, 2014.

[121] 刘明霞, 王学军. 中国对外直接投资的逆向技术溢出效应研究 [J]. 世界经济研究, 2009 (9): 57 – 62.

[122] 刘明霞. 中国对外直接投资的逆向技术溢出效应——基于技术差距的影响分析 [J]. 中南财经政法大学学报, 2010 (3): 16 – 21.

[123] 刘伟全. 我国对外直接投资国内技术进步效应的实证研究 [J]. 当代财经, 2010 (5): 101 – 106.

[124] 马丽, 刘卫东, 刘毅. 外商投资对地区资源环境影响的机制分析 [J]. 中国软科学, 2003 (1): 129 – 132.

[125] 闵继胜, 胡浩. 基于 VAR 模型的我国碳排放与经济增长关系的动

态分析［J］．国际经贸探索，2011（5）：20－25．

［126］聂飞，刘海云．FDI、环境污染与经济增长的相关性分析——基于动态联立方程模型的实证检验［J］．国际贸易问题，2015（2）：72－83．

［127］欧阳艳艳．中国对外直接投资逆向技术溢出的影响因素分析［J］．世界经济研究，2010（4）：66－71．

［128］潘雄锋，舒涛，徐大伟．中国制造业碳排放强度变动及其因素分解［J］．中国人口·资源与环境，2011（5）：101－105．

［129］潘雄锋，闫窈博，王冠．对外直接投资、技术创新与经济增长的传导路径研究［J］．统计研究，2016（8）：30－36．

［130］彭水军，包群．经济增长与环境污染——基于面板数据的联立方程估计［J］．世界经济，2006（11）：48－58．

［131］仇怡，吴建军．我国对外直接投资的逆向技术外溢效应研究［J］．国际贸易问题，2012（10）：140－152．

［132］沙文兵，石涛．外商直接投资的环境效应——基于中国省级面板数据的实证分析［J］．世界经济研究，2006（6）：76－81．

［133］沙文兵．对外直接投资、逆向技术溢出与国内创新能力——基于中国省际面板数据的实证研究［J］．世界经济研究，2012（3）：69－74．

［134］沈坤荣，王东新．外商直接投资的环境效应测度——基于省际面板数据的实证研究［J］．审计与经济研究，2011（2）：60－65．

［135］盛斌，吕越．外商直接投资对中国环境的影响——来自工业行业面板数据的实证研究［J］．中国社会科学，2012（5）：54－75．

［136］宋弘威，李平．中国对外直接投资与经济增长的实证研究［J］．学术交流，2008（6）：63－68．

［137］宋勇超．中国对外直接投资的逆向技术溢出效应研究——理论模型与实证检验［J］．经济经纬，2015（5）：89－103．

［138］苏振东，周玮庆．外商直接投资对我国环境的影响与区域差

异——基于省际面板数据和动态面板数据模型的异质性分析 [J]. 世界经济研究，2010（6）：63 - 67.

　　[139] 唐礼智. 中国对外直接投资的贸易效应分析 [J]. 统计与决策，2015（11）：145 - 147.

　　[140] 唐心智，章志华. 中国对外直接投资的贸易效应研究 [J]. 统计与决策，2009（12）：120 - 121.

　　[141] 王碧珺. 被误读的官方数据——揭示真实的中国对外直接投资模式 [J]. 国际经济评论，2013（1）：61 - 74.

　　[142] 王群伟，周鹏，周德群. 我国二氧化碳排放绩效的动态变化、区域差异及影响因素 [J]. 中国工业经济，2010（1）：45 - 54.

　　[143] 王胜，田涛，谢润德. 中国对外直接投资的贸易效应研究 [J]. 世界经济研究，2014（10）：80 - 86.

　　[144] 王恕立，向姣姣. 对外直接投资逆向技术溢出与全要素生产率：基于不同投资动机的经验分析 [J]. 国际贸易问题，2014（9）：109 - 119.

　　[145] 王英，周蕾. 我国对外直接投资的产业结构升级效应——基于省际面板数据的实证研究 [J]. 中国地质大学学报（社会科学版），2013（6）：119 - 124.

　　[146] 魏巧琴，杨大楷. 对外直接投资与经济增长的关系研究 [J]. 数量经济技术经济研究，2003（1）：93 - 97.

　　[147] 吴玉鸣. 外商直接投资与环境规制关联机制的面板数据分析 [J]. 经济地理，2007（1）：11 - 14.

　　[148] 项本武. 中国对外直接投资的贸易效应研究——基于 Panel Data 的地区差异检验 [J]. 统计与决策，2007（12）：99 - 102.

　　[149] 肖宏伟，易丹辉. 中国区域工业碳排放空间计量研究 [J]. 山西财经大学学报，2013（8）：1 - 11.

　　[150] 肖黎明. 对外直接投资与母国经济增长：以中国为例 [J]. 财经

科学，2009（8）：111－117.

［151］许和连，邓玉萍. 外商直接投资导致了中国的环境污染吗？——基于中国省际面板数据的空间计量研究［J］. 管理世界，2012（2）：76－86.

［152］许可，王瑛. 中国对外直接投资与本国碳排放量关系研究——基于中国省级面板数据的实证分析［J］. 国际商务研究，2015（1）：47－54.

［153］许可，王瑛. 中国对外直接投资的母国碳排放效应研究——基于2003～2011年省级面板数据［J］. 生态经济，2015（1）：47－54.

［154］许志英，毛杰，赖小峰. FDI规模对我国环境污染的影响效应研究——基于30个省级面板数据模型的实证检验［J］. 世界经济研究，2015（3）：56－64.

［155］杨博琼，陈建国. FDI对东道国环境污染影响的实证研究——基于我国省际面板数据的分析［J］. 国际贸易问题，2011（3）：110－123.

［156］杨海生，贾佳，周永章，王树功. 贸易、外商直接投资、经济增长与环境污染［J］. 中国人口·资源与环境，2005（3）：99－103.

［157］杨建清. 中国对外直接投资产业升级效应的区域比较研究［J］. 云南财经大学学报，2015（2）：39－44.

［158］尹建华，周鑫悦. 中国对外直接投资逆向技术溢出效应经验研究——基于技术差距门槛视角［J］. 科研管理，2014（3）：131－139.

［159］于峰，齐建国. 我国外商直接投资环境效应的经验研究［J］. 国际贸易问题，2007（8）：104－112.

［160］余静文，王勋. 经济增长、FDI与环境——基于中国地区间面板数据的分析［J］. 经济前沿，2009（8）：3－11.

［161］曾贤刚. 环境规制、外商直接投资与"污染避难所"假说——基于中国30个省份面板数据的实证研究［J］. 经济理论与经济管理，2010（11）：65－71.

[162] 张春萍. 中国对外直接投资的贸易效应 [J]. 数量经济技术经济研究, 2012 (6): 74 - 85.

[163] 张春萍. 中国对外直接投资的产业升级效应研究 [J]. 当代经济研究, 2013 (3): 43 - 46.

[164] 张慧. 我国对外直接投资的行业内和行业间地理集聚效应 [J]. 国际经贸探索, 2014 (7): 84 - 97.

[165] 张军, 吴桂英, 张吉鹏. 中国省际物质资本存量估算: 1952 ~ 2000 年 [J]. 经济研究, 2004 (10): 35 - 44.

[166] 张学刚, 钟茂初. 外商直接投资与环境污染——基于联立方程的实证研究 [J]. 财经科学, 2010 (10): 110 - 117.

[167] 张友国. 经济发展方式变化对中国碳排放强度的影响 [J]. 经济研究, 2010 (4): 120 - 133.

[168] 张远鹏, 李玉杰. 对外直接投资对中国产业升级的影响研究 [J]. 世界经济与政治论坛, 2014 (11): 1 - 15.

[169] 郑长德, 刘帅. 基于空间计量经济学的碳排放与经济增长分析 [J]. 中国人口·资源与环境, 2011 (5): 80 - 86.

[170] 郑展鹏. 中国区域对外直接投资的空间效应研究——基于空间计量面板数据的分析 [J]. 经济问题探索, 2015 (7): 107 - 113.

[171] 周力, 庞辰晨. 中国对外直接投资的母国环境效应研究——基于区域差异的视角 [J]. 中国人口·资源与环境, 2013 (8): 131 - 139.

[172] 周昕, 牛蕊. 中国企业对外直接投资及其贸易效应——基于面板引力模型的实证研究 [J]. 国际经贸探索, 2012 (5): 69 - 81.